항공기개론

강한종 · 박인호 공저

도서출판 상학당

欲爲大者 當爲人役

크고자 하거든 남을 섬기라

머리말

16세기 초 레오나르도 다빈치는 새를 과학적으로 관찰하여 공중으로 뜨는 힘과 공기의 저항을 연구하여 논문을 발표하여, 인간이 비행에 대한 꿈을 이루게 하는 선각자 역할을 하였다. 그 후 미국의 라이트 형제가 인류 최초 동력비행에 성공한 후 거의 100년 동안 엄청난 발전을 거듭하여 우주를 탐색할 정도가 되었다. 21세기는 항공우주시대이며 이에 걸맞게 우리나라 정부에서는 항공우주산업을 육성하기 위해 정책적으로 성장동력산업으로 추진하고 있는 설정이다.

항공산업은 컴퓨터, 반도체와 기계공학 등 최첨단 기술의 결정체로서 그 부가가치가 크기 때문에 산업 전반에 지대한 영향을 미칠 것으로 예상된다. 항공산업의 발달로 항공 분야에 종사하는 기술자의 증가는 필수적이다. 특히 세계 항공시장의 급성장으로 우리나라는 T-50 초음속 항공기를 제작하여 해외수출의 길을 개척하고 있으며, 지속적으로 다양한 항공기를 개발하여 세계 항공시장을 공략할 것으로 예상된다.

이 책은 항공 전문 인력을 양성하는 본 대학 항공전자과 학생들에게 항공 분야의 전문지식을 습득하고 항공기에 대한 기본 개념을 이해하기 위해 항공기의 발달사부터 한국의 군사용 항공기의 개발 현황과 T-50에 대한 상세 소개를 하며, 현대 항공기의 개발과 항공기 정비에 대해 설명하였으며, 다음과 같은 특징이 있다.

1. 제1장에서는 항공기 발달사와 우리나라의 항공기 관련 발전과정에 대해 실었다.

2. 제2장에서는 우리나라의 군사용 항공기 국산화 현황과 양산계획을 소개하고 타국과의 경쟁력과 수출과 기대효과를 전망하였으며, 국산 군용항공기인 T-50/A-50에 대해 상세히 소개하였다.
3. 제3장에서는 각종 현대 항공기의 개발추세와 주요 항공기를 소개하였다.
4. 제4장에서는 항공기 정비체계 및 정비관리에 대해 설명하였다.

이 책을 처음 출판하기 때문에 여러 가지 미비한 점이 많을 것으로 사료되어 계속 수정·보완하고자 하오니 여러 교수님과 선배, 동료 및 학생들의 지적과 조언을 부탁드린다.

끝으로 이 책이 출판에 이르기까지 많이 애써주신 도서출판 상학당의 남승우 사장님을 비롯한 임직원 여러분께 진심으로 감사드린다.

저자 씀

차 례

Chapter

1 항공기 발달사

제1절•항공기 발달과정
제2절•우리나라의 항공관련 발전과정

제 1 절 항공기 발달과정

1.1. 고대의 항공기 개념

1. 하늘에 대한 동경(憧憬)시대

인간은 먼 옛날부터 하늘을 날기를 희망해 왔는데 이러한 희망을 증명해 주는 고대의 전설이 전해진다. 이 중에서 가장 잘 알려진 것은 고대 그리스 신화에 나오는 전설로서 다이달로스(Daedalus)와 그의 아들 이카루스(Icarus)가 밀랍과 새의 깃털로 만든 날개를 달고 크레타(Creta) 섬에서 탈출하고자 하나 실패하였다는 신화다. 그 후 1783년까지의 시대는 주로 인공의 날개를 사람의 팔과 다리로 움직여 하늘을 날겠다는 생각이 지배적이었다.

[그림 1-1] 레오나르도 다빈치

(1) 다빈치(伊, Leonardo d'a Vinci, 예술가/과학자)의 등장

중세, 로마제국이 멸망한 서기 476년부터 15세기 말까지 일천년간의 꿈에서 깨어난 선각자 중의 한 사람으로 레오나르도 다빈치가 있다.

그는 새를 과학적으로 관찰하여 공중으로 뜨는 힘과 공기의 저항을 연구하였으며, 새의 구조를 해부한 결과 "새는 수학적 법칙에 따라 작동하는 기계이며, 그의 모든 운동을 인간 능력으로 구체화시킬 수 있다"는 논문을 1505년에 발표하였다. 다빈치의 날개치기 비행실험은 실패하였지만, 후세의 글라이더, 동력 항공기 연구자들에게 큰 자극을 주었다.

[그림 1-2] 레오나르도 다빈치, 비행기 날개 연구, 1487~1490년, 펜과 잉크, 23.2×16.5cm, 파리 앙스티튜드 프랑스도서관

그의 결론은 지상에서만 행동하는 인간의 힘(출력)과 체중에 대한 비율을 너무 과대평가한 점과 극히 복잡한 새의 날개 운동을 과소평가하는 모순점을 내포하고는 있으나, 앞으로 돌아올 비행시대를 예고하고 비행은 수학적 법칙에 따라 실현할 수 있다는 결론을 제시하였다는 측면에서 인류의 꿈을 실현하는 데 획기적인 기초를 제공하였다고 볼 수 있으며, 항공 발달사의 중대한 업적으로 기록되고 있다.

다빈치는 비행에 관한 많은 스케치를 남겼으며 그가 만든 날개치기와 비행기의 모형은 후에 릴리엔탈의 글라이더와 큰 차이가 없고, 그의 스케치에 적혀 있는 유선형 물체는 오늘날 비행기 날개와 거의 같으며, 그는 유선형의 필연성을 정확하게 이해하고 있었다.

(2) 보렐리(Giovanni Alfonso Borelli)

다빈치의 제안을 냉정하게 비판한 이탈리아의 생리학자이며 수학자, 문학자인 보렐리는 그가 전공한 생리학과 수학을 응용하여 새의 날개치기 운동을 역학적으로 해석하고, 새의 체중과 힘의 관계를 인간과 비교하였다. 그 결과 “인간은 무거운 체중으로 인하여 인력만으로 날개치기 비행은 불가능하다”고 단정하였다. 이것은 다빈치의 제안을 결정적으로 뒤집어 놓고야 말았다. 결과적으로 16~17세기 항공관련 기술의 진보가 매우 느렸던 이유 중의 하나로 볼 수 있다. 물론 이 시기는 콜럼버스의 신대륙 발견, 바스코 다 가마의 희망봉 회항에 따른 인도항로 발견 등 하늘에 이상을 그릴 시간적 여유를 갖지 못하였던 시대였다.

2. 부력(浮力)비행시대(기구와 비행선의 발명)

다빈치가 시사한 비행기는 손쉽게 실현되지 못하고 있는 가운데 비행기보다 한 발 앞서 하늘을 나는 도구로서 부력을 이용한 기구가 발명되었다. 이러한 착상은 사람의 팔과 다리에 새의 날개를 대신할 수 있는 표면체를 부착시켜 새와 같이 날 수 있을 것이라 생각하기에 이르렀다.

(1) 라나(Francesco de Lana)의 비행선(1670년대)

1670년대 가톨릭 신부인 그는 공기보다 가벼운 비행체를 인간비행의 실질적인 해결방안으로 제시했는데, 라나의 비행선은 얇은 구리판으로 만든 4개의 속이 빈 기구에 선체를 매어다는 방식이었다. 또 한편으로는 대기압과 진공에 대한 이론에 준거하여 기구에서 공기를 빼서 진공을 만든다면 부력이 작용해서 선체가 공중에 뜰 것이라고 생각하였다. 그의 부력을 이용한 비행의 개념은 최초의 부력에 의한 비행의 개념을 제공하였다.

(2) 구스망(Bartolomeu de Gusmao)의 비행선

그 후 세계 최초의 열기구 시험비행은 1709년 8월 8일 사람이 탈 수 없는 시험용 소형 열기구로서 구스망 신부가 제작하여 직접 시험비행을 실시하였다.

[그림 1-3] 세계 최초의 열기구 시험비행 : 1709. 8. 8

이 기구는 얇은 종이로 공기주머니를 만들고 공기주머니 아래에 가벼운 접시를 매단 다음 그 접시 안에 기름을 묻힌 나무를 넣고 불을 붙여 더운 공기를 만들어 공기주머니 안에 주입, 부상시키는 것이었으며 3.5m 부상에 성공하였으나 화재를 염려하여 이 열기구를 파괴하게 되었다.

그 후 구스망 신부는 사람이 탈 수 있는 실제 크기의 기구를 제작 비행하겠다는 건의를 국왕에게 올렸지만 구체화되지 못하였다.

(3) 몽골피에 형제(Montgolfier, 1740～1799)

그 후 세계 최초로 기구를 띄운 사람은 몽골피에 형제로, 그들은 불을 때면 연기가 상승하는 데 착안하여 종이와 천을 붙인 지름 10m의 기구를 제작하여 1783년 6월 프랑스의 리옹에서 시험을 하였다. 밀짚과 양털을 태워 가열된 연기를 기구 안으로 채워 넣어 약 1,800m까지 상승시켰는데 이는 인간이 만든 물건이 지상을 떠나 상승한 최초의 기록이다.

[그림 1-4] 1783. 11. 21. 몽골피에의 기구로 최초의 유인비행 기록이 수립되었다.

같은 해 11월 몽골피에 형제는 기구에 2명의 남자를 태우고 불로뉴 삼림에서 이륙하여 파리 상공을 높이 약 900m, 거리 9km, 비행시간 약 20분의 기록을 세웠다.

몽골피에 형제의 기구비행 성공 이후 100여 년 동안 기구연구가들은 기구의 방향조종에 고심해 왔다. 즉, 기구는 공중에 뜰 수 있으나 바람에 따라 흐르므로 이것을 조종하기 위한 노, 돛, 바람개비(Fan) 등을 기구에 부착하여 조종을 시도해 보았으나 큰 효과를 얻지 못하였다.

(4) 조종비행 가능 동력기구의 등장

1852년 프랑스의 앙리 지파르(Henri Giffard)에 의해 이러한 조종비행에 관한 해결방안이 제시되었는데, 그는 여송연(Cigar) 모양의 길쭉한 기구를 제작하여, 출력 3마력의 증기기관에 프로펠러를 달아 방향조종을 시도하였다.

이 기구는 시간당 10km 정도의 속도밖에 비행하지 못하였으나 강한 바람이 불지 않는 한 비교적 정확한 조종비행을 할 수 있었다. 지파르의 기구는 동력기구(Dirigible) 즉 비행선의 시초라 할 수 있다.

□ 페르디난트 폰 체펠린(Ferdinand von Zeppelin)의 비행선

뒤이어 판금골조로서 선체를 경식(硬式)으로 만들고 그 안에 가스를 넣는 형의 비행선이 출현하게 되었는데 이것이 바로 체펠린이 만든 비행선이다.

1910년 그는 ‘LI-1’이라고 불리는 커다란 비행선을 제작하여 첫 비행을 하였는데 이 비행선은 길이 128m, 지름 12m의 크기로서 16마력의 엔진 2개를 장착하였으며 각 엔진에는 4개의 블레이드로 구성된 프로펠러를 부착하였다.

1914년까지 25대 제작, 3만5천명의 승객을 수송함으로써 비행선의 안정성을 입증하였으며, 독일 공군은 1차대전 시 72대의 비행선을 제작, 정찰, 보급수단으로 이용하였으며 대전 초기에는 체펠린을 이용한 공습을 프랑스와 영국군에 감행하기도 하였다. 그러나 전투기가 등장함에 따라 폭격용으로서 체펠린은 곧 쓸모없게 되었다.

1929년 '그라프 체펠린(Graf Zeppelin)'이라고 불리는 초대형 비행선을 제작하여 21,500마일의 장거리 세계일주 비행을 하였다(독일－동경 간 17,500마일 무착륙 비행기록) 또한 힌덴부르크(Hindenburg)호(선체길이 : 215m, '지름 : 41m)가 1937년 대서양 횡단 후 뉴저지 레이크 허스트에서 착륙 중 폭발하여 대형참사가 일어나자 여객 수송용으로서의 비행선은 종말을 고하게 되었다.

※ 비행선은 인화성이 강한 가스를 이용하므로 폭발사고가 빈번하게 일어났다. 1차 세계대전 중 독일공군에서 사용된 72대의 비행선 중 절반이 화재로 폭발하였다.

[그림 1-5] LZ-129 힌덴부르크의 폭파사고는 대형 경식 비행선의 앞날에 큰 장애가 되었다.

3. 양력(揚力)비행시대(비행원리의 발견)

인류의 욕구는 구름처럼 떠다니는 비행선에서 나는 비행기로 발전시키는 방향으로 바뀌어졌다. 다빈치의 날개 치는 비행기의 암시에 대한 보렐리의 부정적 결론 이후 한 세기 반이 흘러갔다. 지상에서만 활동하던 인류에게 '날개 치는 비행'은 너무나 복잡한 행위며 무리한 방식이었다. 이러한 생각에 큰 영향을 끼친 사람은 영국의 과학자 케일리였다.

(1) 공중비행에 대하여 케일리 논문 발표(1810년)

케일리(George Cayley)의 논문은 오늘날의 양력 발생 이론과 거의 동일한 내용으로 새처럼 날개 치는 방식이 아닌 기계적 방식에 의한 비행 가능성을 시사한 논문으로 양력 발생의 원리를 설명하였다.

양력의 원리란 연(鳶)을 공중에 날리는 것과 같으며 실로 맨 연은 알맞은 각도에서 바람을 받으면 공중에 떠오르며, 바람이 약할 때는 실을 잡고 뛰어서 바람을 많이 받게 하면 '양력'이 더 많이 생긴다는 논리로서 공기의 흐름에 대해 받음각(Angle of Attack)이 있으면, 공기력은 비행방향에 평행된 항력(Drag)과 비행방향에 수직인 양력(Lift)으로 구분, 동력으로써 항력을 이기면 상당한 중력을 이길 수 있다는 것이다.

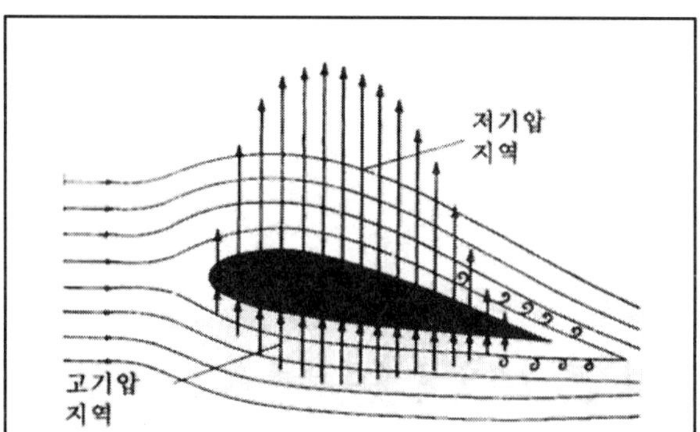

[그림 1-6] 에어포일 주위의 공기의 흐름

날개 단면을 유선형으로 하면 평평한 판으로 된 것보다 더 큰 양력을 얻을 수 있다는 것인데 이는 날개의 상면을 굽어지게 설계하면 날개 윗면을 흐르는 공기는 날개 아랫면을 흐르는 공기보다 긴 거리를 이동하게 되어 날개 윗면 공기는 아랫면보다 속도가 빨라지며 따라서 기압이 낮아진다. 그러면 날개 윗면에 생긴 저기압의 작용으로 날개는 끌려 올라가 양력이 생긴다.

비행기가 하늘을 나는 원리는 받음각에 의한 연 형태의 양력과 유선형 날개에 의한 양력이 합쳐진 것이라고 최종 결론을 내린 것으로 오늘날 그대로 적용되고 있는 이론이 되었다. 케일리는 실험을 통하여 날개를 유선형화하면 1파운드 항력 대가로 30파운드의 양력이 획득 가능하다고 예언하였다.

케일리는 1849년 자신의 이론에 입각하여 3겹날개 활공기를 제작(154평방피트)하여 열 살 된 소년을 태워 비행에 성공함으로써 그의 이론을 입증하였다. 여러 관점에서 볼 때 케일리의 글라이더는 세계 최초의 진정한 의미의 항공기라고 할 수 있다. 그가 발표한 일련의 논문은 후일 라이트 형제를 포함한 비행기 설계자들에게 많은 영향을 주었다. 이미 백 년 전에 양력의 발생을 이론화시킨 케일리를 현대인들은 '비행기의 아버지'라고 부르고 있다.

4. 무동력(無動力)비행시대(글라이더의 출현)

케일리 이후에 많은 사람들이 활공기의 모형을 설계하고 제작하였으나, 실제로 활공기를 타고 비행하는 것은 큰 모험으로 인식되어 왔다. 그러던 중 릴리엔탈이 등장하여 '양력이론'을 계승 발전시키며 항공가들의 활약시대가 다시 열리게 되었다.

(1) 릴리엔탈(獨, Otto Lilienthal, 1848～1896)의 글라이더

릴리엔탈은 새가 날아오르는 것을 관찰한 결과, 날개치기를 하지 않고

서도 활공비행을 할 수 있다고 결론을 내리고 1889년 "항공기술의 기초로서 새의 비행"이라는 저서를 출판하였고 1890년부터 본격적인 제작에 나서 1891년 날개 면적 $10m^2$, 무게 18kg 크기의 글라이더를 제작하였다.

케일리의 이론에 따라 날개 이외의 수직 안정판을 꼬리날개에 부착하였다. 날개 중앙에 구멍을 뚫고 머리를 위로 내밀고 어깨와 팔, 무릎으로 매달려 언덕 위에서 뛰어내려 활공하였다. 여기서 최대 문제점은 세로(종) 안정성의 결여였는데 결국 이로 인하여 그는 생명을 잃고 말았다.

※1896년, 15m 높이에서 공중조작을 하던 중 신체중심이동 방식에 실패하여 추락 사망하였다. 새가 아닌 사람이 승강타 없는 두발에 의한 세로 안전성의 추구는 무리한 것이었다. 그는 2000회 이상의 활공비행을 실험(최고높이 23m, 최장 400m 비행)하였고, 6년 동안 13대의 오늘날의 행글라이더와 같은 형태의 활공기를 제작하였다.

(2) 파이시 핏챠(Percy Pitchery)의 호크 글라이더

세로(종) 안정성의 불균형은 제2의 희생을 요구하였다. 1896년 9월, 릴리엔탈의 용감한 형제인 스코틀랜드인 기사 파이시 핏챠는 그의 글라이더 '호크' 호로서 많은 활공시험을 하던 중 같은 사고로 사망하였다.

[그림 1-7] 오토 릴리엔탈과 그의 활공기계 마크 3 : 1891년 활공 직전 촬영

(3) 옥타브 슈트(Octave Chute)의 복엽 글라이더

프랑스 태생 미국인 옥타브 슈트는 12겹 날개의 글라이더를 제작하였고, 다음에 5엽(겹날개), 3엽에서 겹날개로 귀착시켜 이 글라이더로서 2000회 이상 활공을 하였지만 모두 성공하였다. 그는 연구자료를 모아 1891년 "공중 항행법"과 1894년 "공중 비행기의 진보"라는 저서를 출판하여 다음날 라이트 형제에게 좋은 참고자료를 제공하게 된 것으로 볼 수 있다.

1.2. 근대 항공기의 발달과정

1. 항공역학(航空力學)의 해명과 동력비행시대

유선형 날개 비행기로 하늘을 날아 보려는 사람들은 부분적으로 약간의 성과는 있었으나, 여전히 어려운 문제로 남게 되었다. 케일리의 양력 이론을 계승하고, 릴리엔탈 및 다른 항공 이론가들의 이론을 종합한 결과 귀착된 결론은 동력(Engine)의 장착이었다. 이런 시기에 가솔린 기관이 개발되어 운송수단에 사용됨으로써 동력비행의 가능성은 더욱 높아졌다.

(1) 라이트(美, Wilbur Wright, Orville Wright) 형제의 동력비행

라이트 형제가 비행에 관심을 가지기 시작한 것은 릴리엔탈이 활공기로 시험비행을 할 무렵이었다. 이들 형제가 인류 최초의 동력비행을 성공하게 된 이면에는 상인이면서도 기술자다운 주의 깊은 관찰자였으며, 또한 그들은 대단한 독서가로 특히 비행하고자 하는 열망이 대단하여 일찍이 릴리엔탈의 경험과 같은 비행관련 책을 읽었기 때문이었다.

□ 안전비행에 관한 3가지 문제 인식

그들 형제는 비행에 관한 문제를 대체로 3가지로 나누어 연구하였다. 즉

첫째는 지속비행을 할 수 있는 날개의 제작
둘째는 동력의 발생과 적용
셋째는 비행기가 이륙 후의 조종

등이었다.

□ 새의 활공 예의 관찰

라이트 형제는 날개 치지 않고 활공하는 새의 움직임을 주의 깊게 관찰하였다. 특히 그들이 관찰한 것은 새가 날개를 좌우로 비틀어 선회하는 방법에 착안하여 두 겹 연을 만들어 실험한 후 제1호 글라이더를 제작(1899~1900)하였다. 처음에는 글라이더의 날개 면적이 적어서 사람은 타지 않고 '조종줄(Wire)'로 조작하였다.

□ 세계 최초의 풍동실험(1902년 8월)

그들은 더욱 정밀한 방법으로 손수 만든 풍동을 사용, 여러 가지 날개 단면형의 공기역학적 특성을 측정하였으며, 이 결과를 이용하여 3번째 글라이더까지 1000번 이상 활공비행 시험을 실시하여 동력비행에 대한 자신을 얻게 되었다.

□ 플라이어(Flyer) 제1호 비행

1903년 여름부터 동력비행기 제작에 착수한 그들은 1903년 12월 17일 오전 10시 노스캐롤라이나 주 키티호크 모래언덕에서 인류 최초 동력비행에 성공한다.

제1회는 동생 오빌 라이트가 조종하여 12초 동안 36m까지 비행하였고, 마지막 비행은 형 윌버 라이트가 조종하여 59초, 비행거리 260m를 기록하였다.

2개의 추진기(프로펠러)는 가솔린 엔진(4기통 12마력)에 톱니바퀴와 자전거용 체인으로 연결하여 회전하도록 하였다. 두 개의 프로펠러는 비행기에 회전력(Torque)이 발생하지 않게 하기 위하여 서로 반대방향으로 회전하도록 되어 있다. 날개는 폭이 40.5피트나 되며 나무로 만든 골격(Frame)에 광목을 덮어 만들었으며 복엽의 날개를 나무로 만든 받침대와 피아노선으로 결합시켰다.

바퀴 대신 착륙용 썰매를 부착하였으며 이륙은 60피트 레일 위에 있는 작은 트롤리(Trolley)에 얹혀서 엔진의 동력에 의해서 충분한 속도가 얻어졌을 때 트롤리에서 분리되어 비행하는 방식을 택하였다. 날개의 조종은 조종사의 엉덩이에 연결된 줄을 이용하였으며, 조종사는 아래날개의 중앙에 엎드려서 조종하도록 하였다. 좌우로 방향을 바꿀 때에는 엉덩이를 옆으로 움직였고, 상승강하 시는 앞쪽에 달려 있는 승강타를 기울여서 조종하였다. 조종사의 무게를 포함한 기체의 무게는 750파운드(340kg)였다.

1908년 ‘라이트 A’형 비행기를 만들어 주문을 받아 생산 판매하였는데 이것이 산업적 양산형 비행기의 시조라 할 수 있다.

라이트 형제의 비행시대(1903~1911)는 종말을 고하게 되는데, 라이트식 비행기는 라이트 형제가 아니면 조종할 수 없을 만큼 생체공학적으로 조종하기가 어렵다는 평이 있었기 때문이다. 이는 인간공학을 무시한 조종 방식과 행동의 불일치에서 비롯된 것이었다.

※항공기 발달의 신기원 이룸

[그림 1-8] 60피트의 이륙용 레일 위에서 플라이어가 이륙하는 역사적인 순간

(2) 프랑스의 비행기 개발

1903년부터 시작해서 1911년까지 라이트 형제의 비행기는 유럽지역까지 판매되어 유럽 각국의 비행 연구가들에게 개발의욕을 촉진시켰다. 라이트 형제에 의한 동력비행의 성공은 당시까지만 해도 세계 문화의 중심지라고 자부하고 있던 유럽국가, 특히 프랑스의 자존심을 크게 자극하였다.

프랑스인 비행선 전문가 산투스두몬트(Santos-Dumont, Alberto)는 1898년 비행선을 제작하기 시작하여 파리 시민의 인기를 한 몸에 받았다.

1906년 10월 부아장(Voisin, Delagrange) 3형제와 함께 '14비스'호라는 겹날개 비행기에 50마력짜리 기관을 장착, 파리 근교에서 60m거리를 비행하는 데 성공했다.

같은 해 11월, 220m의 거리를 21.1초에 동력으로 비행한 기록을 세움으로써 유럽 최초 동력비행에 성공하였으나 라이트 형제의 비행기록에는 크게 미치지 못하였다.

[그림 1-9] 1906년 파리 바가델 광장을 비행하는 산투스두몬트 : 유럽 최초의 동력비행으로 기록되었다.

이 시기 비행에 대한 열기는 더욱 고조되어 레온 두바 밧슬은 '앙투아네트'호를 제작하였으며, 부아장 형제는 1908년 고정날개에 의한 동력비행에 성공하였다. 당시 고정날개 항공기는 라이트 형제나 부아장 형제 모두 겹날개였으나 홑날개 비행기로 비행에 성공한 사람은 루이 블레리오(佛, 1909년, Bleriot Louis)였다.

1908년 윌버 라이트는 프랑스 원정비행을 실시, 비행시간 2시간 20분, 연 비행거리 150km에 달하는 대기록을 세운다. 1909년 7월에 프랑스인 블레리오가 영불해협 횡단비행을 성공시킴으로써 프랑스는 자존심을 다소 회복하게 된다. 이를 계기로 프랑스는 파리 근교에 있는 란스에서 인류 최초의 에어쇼인 '파리 비행대회'를 1908년 8월 22부터 8월 30일까지 개최하여 항공사에 길이 남게 된다.

기타 비행기록은 1910년 최초의 야간비행이 앙리 팔방(佛)에 의해 이루어졌고, 같은 해 링컨 비체이(美, Lincoln Beachey)는 나이아가라 폭포 교량 밑을 통과하는 묘기비행을 실시하였으며, 1911년 갤브레이스 로저스(美, Galbraith Rogers)는 뉴욕에서 캘리포니아까지 총 84일간의 대륙 횡단비행에 성공(실제 비행시간은 3일 10시간 14분)하는 등 세계 곳곳에서 비행의 신기록이 수립됨으로써 동력비행은 장족의 발전을 가져오게 된다.

2. 제1차 세계대전과 항공기 발달

미국과 유럽에서 군에 항공기가 배치된 것은 1909~1911년경으로 초기에는 정찰이 주요 임무였다.

제1차 세계대전이 발발하기 이전까지 비행기는 스릴 있는 진기한 스포츠 용구로 생각되고 있었으며, 무기로서의 사용가치를 검토하기 전인 1914년에 제1차 대전이 발발하였다. 그러나 1차 대전을 계기로 항공기의 필요성이 증대되면서 속도, 거리, 폭탄 탑재량, 상승력, 기동성 등 항공기 성능의 급격한 향상을 보이게 되었다.

(1) 개전 초기

전쟁이 진행되면서 비행기의 임무도 다양해져 정찰기, 폭격기, 전투기 등으로 세분화되었으며, 비행기의 형식도 크게 변화되어 홑날개 비행기, 겹날개 비행기, 3겹날개 비행기 등이 각각 특성에 따라 사용되었다. 전쟁 초기에는 겹날개 형식의 비행기가 사용되었는데, 비행기의 기체는 대부분이 목제이고, 표피는 우포로 씌웠다.

또한 전쟁 초기 항공기는 정찰임무를 담당하여 적의 위치를 탐색하였다. 비무장이었으나 잦은 적기와의 공중 조우로 인해 조종사들은 권총을 휴대하고 공중에 올라가 서로 권총으로 대결하는 공중전이 벌어졌으며 곧이어 기관총을 항공기에 탑재하여 본격적인 공중전을 벌이게 되었다.

대전 초기의 비행기 성능은 시속 200km, 고도 60m 정도로서 겨우 실용적으로 사용될 수 있는 정도였다.

미국의 경우 대전에 참전하게 되었을 때 미 육군 항공대(공군의 전신)는 55대의 항공기밖에 보유하고 있지 않았으며 그나마 대다수는 사용이 불가능한 상태였다.

[그림 1-10] 1차 대전 초기의 3엽 항공기

(2) 대전 중 항공기 발달

대전 중 각국은 전투기를 본격적으로 개발하기 시작하여 독일은 Dr.1, 프랑스는 Spad XIII, 영국은 '솝위기'를 실전 배치하였다.

초기의 공중전에서 사용된 기관총은 프로펠러의 손상을 피하기 위해 측방 또는 후방에서 발사가 이루어졌으나, 1915년 프랑스 조종사인 롤랑 가로스(Roland Garros)가 프로펠러에 장갑강판을 구부려 부착하여 항공기 전방으로의 기총의 이점을 충분히 인식하여 치차를 이용한 프로펠러 회전 동기식 전방 발사 기총을 개발하였다. 이때부터 정찰기로서의 항공기의 역할은 전투기로 탈바꿈하게 되었으며 많은 항공전의 영웅들 즉 공중전 에이스를 탄생시키게 되었다.

또한 대전 중 항공기 설계, 기술 측면에서 주목할 만한 성과는 독일의 공학자인 휴고 융커스(Hugo Junkers)가 제작한 금속제 단엽기로 이 항공기는 외팔보(Cantilever)의 날개를 갖고 있어서 외부의 받침대(Strut)나 당김줄(Bracing)이 필요가 없게 됨으로써 기체의 구조적 혁신을 이루었고, 대량생산 가능성을 제시, 프랑스의 경우 대전 전 월평균 60여 대를 생산했으나 대전 참가 후 4개월이 경과한 후에는 총 5,000대로 급속히 증가하였다.

[그림 1-11] 1차 대전 시의 공대공 전투무기의 변천

- 좌측 : 초기에 조종사들이 사용했던 권총(긴 탄창과 탄피 수거기가 특이하다.)
- 중앙 : 굴절 장갑갑판식 프로펠러를 사용한 전방발사 기관총 원리
- 우측 : 치차 동기식 전방발사 기관총 원리

(3) 대전 말기

항공기의 군사적 측면에서 1차 대전은 그 의의가 막중하다고 할 수 있다. 항공기술의 급속한 발달로 인하여 속도 및 비행거리가 크게 증가하였으며, 개전 초기 항공기의 속도는 90마일 정도의 성능이었으나, 대전 말기에는 140～155마일로 증가되었고, 1000마일의 무착륙 비행을 할 수 있는 항공기들이 출현하게 되었다.

군용기로서 기술적으로 실용화된 항공기는 1911～1913년경부터, 조직편성 면에서 전술적 용도로 구체화되기 시작하였다. 1차 대전이 끝나면서 각국은 전쟁에서의 경험과 교훈 및 이탈리아의 '듀헤' 장군과 같은 많은 항공 사상가들의 논리적 주장에 힘입어 항공력의 독립화 형태를 보이기 시작하여 유럽 각국에서 공군은 독자적인 군으로서 속속 독립하게 되었다.

1918년에 프랑스는 항공부대를 최초로 별도 편성, 공군부대를 창설하여 항공작전을 전문적으로 수행하기 시작하였다.

(4) 1차 대전의 항공기 발달사적 의의

첫째, 항공기 성능이 전반적으로 급격히 향상되었다.

둘째, 전투기, 폭격기, 정찰기 등 용도에 따라 형태가 확실하게 분류되었다.

셋째, 항공기의 본격적인 발달로 무기로서의 비행선은 무가치하게 되었다.

넷째, 급격한 소모 및 용도 다양화, 생산방법의 공업화로 대량생산시대를 개막하게 되었다.

또한 1차 대전의 가장 중요한 군사적 의의는 바로 항공력의 중요성 인식과 공군 독립체제의 형성이라고 할 수 있다.

3. 대비행시대의 전개

1차 대전이 종결된 다음 해인 1919년부터 1933년까지의 14년간은 대장정, 즉 장거리 비행기록 수립시대로 전개되었다. 장거리 비행 경쟁의 첫 테이프를 끊은 나라는 이탈리아로서, 1920년 2월 14일 로마를 출발하여 중동→인도→중국 상해→서울여의도를 거쳐 5월 11일에 일본 동경에 도착하였다.

2대의 SAV기에 페리린과 별 파니니/마쉐로와 마렛트 2개조로 편성하여 비행시간 109시간, 평균시속 160km(최고속도 240km)로 고속 장거리 비행에 성공하였다.

이 대장정은 또한 당시 항속거리가 짧은 항공기로서 한국을 항로상에 징검다리로 이용한 첫 사실(史實)로 우리나라 항공역사에도 큰 의의가 있다.

(1) 미국의 대장정

미국의 전직 우편비행 조종사였던 찰스 린드버그(Charles Lindbergh)에 의한 세계 최초 무착륙 대서양 횡단비행으로 그의 용감한 비행은 세계 항공사에 기억될 훌륭한 업적으로 평가받고 있다. 이 역사적인 비행은 1927년 5월 20일, 홑날개 형식의 라이언기로 뉴욕 루즈벨트 공항을 이륙하여 대서양을 횡단 총 5,809km의 거리를 33시간 30분 동안 비행하여 파리 르 부르제 공항에 안착함으로써 이루어졌다. 린드버그가 탑승한 항공기는 미국 랜(Ryan)사가 제작한 NYP기인 '세인트루이스의 정신(Spirit of St. Louis)'호로서 총 14,000리터의 연료탑재 능력을 가진 야심적인 항공기였다. 이것은 1920년대 최고의 기록적인 비행이며, 이것으로 인해 항공기의 장거리 비행에 대한 신뢰감을 한층 더 높여 주었다.

다음과 같은 시대적 배경은 린드버그의 대서양 횡단비행을 가능하게 하였다.

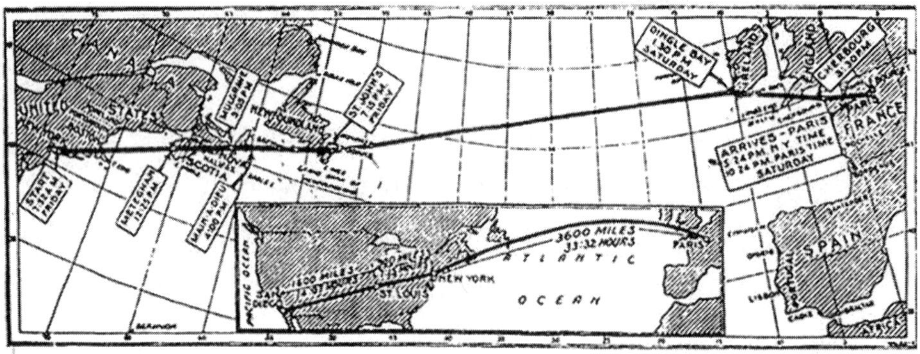

[그림 1-12] 린드버그의 대서양 횡단 비행경로 :
구간별 거리와 소요시간을 알 수 있다.

당시 미국에서는 우편물 수송을 위한 우편비행이 활발히 전개된 시기로, 1925년 우편기 운영에 관한 법안인 켈리 법안(Kelly Act)이 의회에서 통과되고 그 이듬해인 1926년에는 항공상업법(Air Commerce Act)이 제정되어 상무성 내 상업항공국이 창설되는 등 발전하고 있었다.

또한 대서양 횡단비행에는 한 프랑스인이 희사한 25,000달러의 상금이 걸려 있어서 린드버그 이전에도 몇 번의 시도가 있었다. 1926년 9월 프랑스 제일의 격추왕 르네 퐁크(Rene Fonk)가 도전하였으나 실패하였고, 1927년 5월 8일에는 프랑스의 샤를르 낭제셀이 백조호에 탑승, 파리에서 이륙하였으나 행방불명되었다.

[그림 1-13] 세인트루이스 정신 호

1920~1930년대의 중요한 비행기록 수립의 의의를 보면 다음과 같다.

첫째, 1922년 4월 런던－파리 간 야간 정기항로가 개시됨으로써 정기 항공의 안전과 신뢰성을 크게 향상시켰다.

둘째, 1924년 3월 미국 로웰 스미스(Lowell Smith)가 지휘하는 더글러스(Douglas) 항공기는 '시애틀에서 시애틀'까지 북태평양을 횡단, 일본, 인도, 유럽, 영국, 북대서양, 북미대륙을 횡단하고 175일 간에 49,560km의 세계 최초의 세계일주비행에 성공하였다. 이는 신항로 개설에 신기원 이룬 쾌거로 기록되고 있으며 이때 비행한 항로는 그 후 각각의 항공로 개설에 크게 활용되었다.

셋째, 1926년 코스트와 리뇨(佛)가 파리에서 이란의 쟈스크까지 5,424km의 무착륙 장거리 비행에 성공, 세계 신기록 수립하였다.

넷째, 1929년 리차드 버드(美 Richard E. Bud)는 북극 탐험비행 성공, 극지 경유 항공로 개설에 공헌하였다.

다섯째는 1931년 6월 23일~7월 1일 사이 미국인 포스트(Post)와 캐시(Cathy) 두 사람이 뉴욕－베를린－모스크바－뉴욕 간 26,000km를 8일간(125시간) 비행하여 세계일주 최단시간 비행에 성공하였으며, 사용 비행기는 WSAF 480마력 록히드 베가(Lockheed Bega) 고익 단엽기였다.

여섯째, 1934년 11월 28일~30일, 영국인 윌리엄 스코트(William Scott)는 코멧(DH. Commet) 단엽기로 영국－오스트리아 간 8,117km의 장거리 비행을 63시간 43분(2일 23시간 18분)으로 비행하여 영국 식민지 연락 항공로 개설에 공헌하였다.

일곱째, 1935년 11월 22일~12월 2일, 미국의 판아메리칸 항공회사는 마틴 클리퍼(Martin Clipper)가 비행정으로 북미－하와이－미드웨이－괌을 경유하여 마닐라에 도착, 극동 항공로 개설에 성공하였다.

여덟째, 1937년 7월 12일~14일, 소련인 그로모포 외 2명은 단엽 단발 ANT 25기로 모스크바－북극－북미 간 1,000km를 62시간 9분에 무착륙 비행에 성공하여 북극횡단 미소 연락 항공로 개설에 공헌하였다.

아홉째, 1938년 11월 8일~14일 독일인 헨케(Henke) 외 4명은 울프

FW-200형 단엽기로 독일－파키스탄－베트남－일본 간 14,600km를 46시간 20분에 비행하여 유럽－아시아 항공로 개설에 큰 공헌을 하였다.

4. 상업항공과 현대 항공기술의 발전

린드버그에 의한 대서양 횡단비행의 대성공으로 대양을 횡단비행하거나 세계 일주비행을 하는 민간 비행기들이 많이 생기기 시작하였으며, 각국에서는 비행기로 승객이나 화물을 운반하는 항공수송업을 본격적으로 육성하는 데 주력하게 되었다.

이 비행기들은 날개가 동체 위쪽에 장착된 홑날개 비행기로, 기관은 공랭식 성형기관이 대부분이었다. 또 많은 양의 연료를 탑재하기 위해 연료탱크를 증설하여 사용했으나, 1927년부터는 특수하게 설계된 비행기가 제작되기 시작하였다.

□ 포커(Fokker)의 F.B/3 항공기

제1차 세계대전 때에 죽음의 무기상이었던 포커는 평화가 찾아오자 재빨리 고익 단엽 단발 수송기인 F.B/3 제작에 착수하였다.

이 기종은 1926년 북극, 남극비행, 1928년 샌프란시스코에서 호주 브린스베인까지 11,000km 9일간 장거리 비행에 성공적으로 사용되어 그 우수성을 과시하였다. 그러나 이 비행기는 성능은 우수하였으나 목재로 된 날개를 장착하고 있어, 돌풍, 요란 등의 악천후에 치명적 약점이 있어 금속기의 필요성 대두되었다.

□ 항공기 개발의 급속한 발전

중·소형기로 모험적인 장거리 비행을 하는 시대는 지나가고 상업비행으로 관심이 바뀌게 되었다. 1930년대에 들어서면서 항공기 개발 방향도 이전의 기록비행용 또는 경기용 특수 항공기 개발에서 실용기의 개발과 성능향상으로 전환되었으며 항공기 개발은 다방면에서 급속한 기술적 진보를 보이게 되었다.

그 주요 특징으로서 기체는 전천후성을 갖춘 금속화 방향으로 진전되어 경금속 알루미늄이 사용되었다. 또한 이들 재료의 진보는 복엽식 날개구조에서 단엽식으로 전환할 수 있게 되었으며 날개 부착위치도 고익에서 저익으로 전환되어 항공기 성능이 현저히 상승되었다.

접개식(接開式 : Retractable) 이착륙장치와 양력 추가발생장치인 고양력장치(Flap)가 개발되고 과급기(Supercharger)가 부착된 효율 높은 엔진이 개발되었고, 가변피치(Variable Pitch) 프로펠러가 사용됨으로써 고공·고속 및 경제적인 비행이 가능하게 되었다. 이외에도 무선통신 및 항법장비와 각종 비행계기의 개발로 인해 야간 및 계기비행 능력이 크게 증대되었다.

□ 대표적 상업용 DC-3 항공기(美) 출현

당시 대표적으로 우수한 상업용 항공기로서 미국의 더글러스 DC-3 항공기를 들 수 있다.

이 항공기는 금속제 단엽기로 획기적인 항공기로 평가받고 있었으며, 1936년 7월 시카고에서 뉴욕까지 최초 비행 후 1939년 제2차 세계대전이 시작될 때까지 수송기의 베스트셀러로 전 세계 항공로의 90%를 석권하였다.

[그림 1-14] 1930년대 수송용 항공기 DC-3

이 DC-3 항공기는 강력한 공랭식 성형 엔진을 양쪽에 장비할 수 있는 튼튼한 날개구조를 갖고 있다. 빠른 속도와 안정성 및 높은 경제성으로 인하여 각 항공사는 주력기로 채택하였으며, 이때까지의 연구결과가 종합된 혁신적인 대형 수송기로서 항공수송시대의 전환점이 되었다.

1.3. 현대 항공기의 발달과정

1. 제2차 세계대전(1940~1945년)과 항공기 발달

1940년에서 1945년까지는 왕복기관 항공기의 전성기로, 전쟁 초기에 사용된 항공기는 전쟁 말까지 대부분 그대로 사용되었다. 전쟁 중에 사용된 전투기들의 주요 임무는 공중전이었기 때문에 기동성과 비행속도가 매우 중요한 요소였다. 따라서 이때의 전투기는 조종사 한 명이 탑승하는 단발 소형기였다.

초기 사용된 전투기는 독일의 하인켈, 메사슈미트와 융커스, 영국의 스피트 화이어와 호크허리케인, 미국의 F-6F 헬캣, 일본의 제로센 전투기 등이 있다.

전쟁 후반에는 미국의 P-3 라이트닝, F-51 무스탕, 콜세어가 있으며, 독일의 포케볼프 FW190과 구소련의 La-5 등이 유명하였다.

1차 대전 시는 비행기의 대부분이 전투기 위주였으나, 제2차 대전 중에는 폭격기가 대형화되면서 전술, 전략적으로 사용되어 그 비중이 매우 커졌고, 항공기의 유용성이 입증됨에 따라 상업적인 목적뿐만 아니라 전쟁에서도 전쟁 승리의 결정적 수단임은 물론 국가의 존망을 결정하게 되는 확고한 위치를 차지하게 되었다.

또한 필요한 시간에 필요한 지역으로 이동시켜 시간과 공간을 초월 항공력을 운용할 수 있는 항공모함 개념이 등장하였다.

(a) 독일의 메서슈미트 Bf-109 전투기

(b) 미국의 F-6F 헬캣 전투기

(c) 일본의 제로센 전투기

[그림 1-15] 2차 대전 초기의 각국 전투기

전운이 또다시 전 세계를 뒤덮기 시작한 1940년 루즈벨트 대통령은 매년 50,000대의 군용 항공기를 생산하는 항공기생산계획을 발표하였다. 당시 이 계획은 다른 나라에서는 공상적인 것으로 보았으나 미국은 이 계획을 실현시켰으며 대전이 끝날 무렵까지 30만대의 항공기를 생산하였다.

(1) 전략적 폭격개념 등장

전쟁 말기에는 전선 부근에 배치된 적 지상군 부대를 공격하던 전술 폭격의 형태를 넘어 적지 깊숙이 침투하여 간접적인 전쟁지원 요원들까지 공격대상으로 하였으며, 적 국력의 심장부를 강타하여 전의를 상실하게 하는 전략 폭격에 대량의 항공기가 동원되어 전쟁 종결을 유도하게 되는 전략폭격이 이루어졌다.

1차 대전 시 독일이 체펠린 비행선(獨)으로 런던을 야간 공습한 사례가 전략폭격의 시초라 할 수 있으며 제2차 세계대전에서는 미국과 영국의 장거리 폭격기들에 의한 대규모 전략 폭격으로 나치 독일과 군국 일본을 굴복시킴으로써 연합군이 승리하게 되는 결정적 요인이 되었다.

미국의 대표적인 장거리 폭격기인 B-29(Supper Fortress) 전략폭격기는 2,200마력의 고출력 기관이 장착되었으며, 고도 10,000m에서 임무를 수행할 수 있도록 최초로 여압장치가 설치되었다.

전략폭격은 적의 전쟁수행 능력을 파괴하는 한편, 전쟁의지를 상실케 하는 공포의 대상이 되었으며, 1945년 8월 B-29에 의한 원자탄 투하는 일본을 무조건 항복하게 하는 결정타가 되었다.

제2차 대전 중의 폭격기에 있어서 특기할 점은 폭탄투하 방식 개선으로 조준장치를 사용하여 정조준 폭격을 실시함으로써 폭격의 정확도를 높였으며, 레이더를 이용하여 폭격기를 목표 상공으로 유도, 표적을 확인케 함으로써 야간 및 악천후에도 정확한 폭격이 가능하여 피해효과가 대단히 높아진 점이다.

[그림 1-16] B-29 슈퍼포트리스

주요 폭격기로는 독일의 '하인켈 He-111'과 '융커스 Ju-88', 영국의 '아브로랭커스타', '힌드레 페이지 해리팍스', 미국의 'B-17', 'B-29' 등이 있다.

수송기는 전투기나 폭격기를 개조하여 사용하였으며, 전쟁 초기의 것은 대부분 전쟁 말기까지 사용되었다. 수송기의 종류로는 미국의 C-46/47, C-54(美), 영국의 플라밍고, 앨버트로스 등이 유명하다.

(2) 전투 제트기의 출현

2차 대전 중 항공기 발달사와 관련한 또 다른 중요한 사실의 하나는 제트기의 출현을 들 수 있는데, 당시 분사추진 항공기는 전쟁에 사용하기에는 충분한 준비를 갖추지 못한 상태였으며 2차 대전 말기에 소수에 이르기는 하나 실전에 사용되기에 이르렀다.

최초의 제트 비행기는 하인켈 He-178로서, 1939년 8월에 독일의 하인켈사에서 제작하였으며, 이 비행기에 장착된 기관은 오늘날의 터보제트 기관과 같은 원리로 작동되는 것이었다. 영국에서는 프랭크 휘틀(Frank Whittle)이 W1형 제트 기관을 최초로 개발하였으며, 이것을 글로스터 비행기에 장착하여 비행에 성공하였으나, 독일보다 2년 뒤의 일이다.

[그림 1-17] Me-262 슈툼포겔(독) 세계 최초의 제트전투기

제트 전투기가 전투에 참여한 것은 1942년에 영국의 글로스터 미디어 기로 노르망디 상륙작전에 최초 투입되었고, 1944년 독일의 메서슈미트 Me-262였다. 본격적인 제트기의 개발은 대전이 끝나면서 이루어졌으며, 1948년 영국의 제트기가 초음속비행을 함으로써 초음속 제트시대의 막이 올랐다.

2. 제트엔진시대의 개막

2차 대전을 통하여 항공기 발달사에 크게 영향을 미친 것은 제트엔진과 레이더의 등장이다. 제트엔진이 출현한 이유로는 피스톤 엔진에 의한 프로펠러 방식은 항공기 성능향상의 한계점에 이르렀기 때문이었다. 비행기가 음속에 도달하기 전에 프로펠러 끝 부근에 충격파가 발생하여 기체를 음속까지 가속시키지 못한다. 따라서 프로펠러 추진 방식의 항공기로서는 이론상 시속 755.1km 이상의 속도를 낼 수가 없었다.

또한 전쟁이 끝난 후 5년도 되지 않아 많은 국가들이 터보제트 기관을 비행기의 동력장치로 사용하게 되었다. 터보제트 기관을 장착한 수송기는 영국에서 먼저 개발하였으나, 연속적인 공중폭발로 운항이 중단되었다. 그 후 본격적인 제트 수송기는 미국 보잉사에서 제작한 대형 여객기 개발에서 시작되었다.

(1) 프로펠러 엔진과 제트엔진의 차이

프로펠러 추진 방식은 엔진의 힘으로 프로펠러를 고속 회전시켜 공기를 항공기 뒤로 밀어냄으로써 그 반작용으로 기체를 전방으로 이동시키는 방식을 적용한 것이고, 제트엔진은 공기를 흡입한 후 동체 내의 연소장치에서 연료를 혼합 연소케 하여 고온고압의 가스를 발생, 뒤로 분사시켜 그 반작용의 힘으로 추진되는 반사추진장치의 일종이다.

제트엔진의 발명은 영국, 독일, 이태리, 미국 등 각자의 주장이 있으나 이 중 영국의 프랭크 휘틀이 케임브리지 대학 재학 중에 고안하고, 1930년 정식 특허를 획득한 W1형의 제트엔진이라 할 수 있다.

(2) 본격적 제트 항공기 출현

독일은 1939년 8월 '하인켈 He-178기(獨)'기에, 이탈리아는 1940년 8월 '카프로니 캄피니 CC-2' 항공기에 각각 제트엔진의 토대가 되는 발동기 제트를 장착하여 시험비행에 성공함으로써 제트시대를 본격적으로 열게 되었다. 또한 1941년 5월 14일 독일은 프랭크 휘틀의 제트엔진을 '글로스터 E-28-29'에 장착하여 비행에 성공하였으며, 영국은 1944년 '글로스터 미디어'기에 롤스로이스(Rolls Royce) 터보제트 엔진을 장착하여 우수한 성능을 자랑하였으며, 독일의 영국 본토 공격용 V-1 로켓 요격에 크게 활약하였다.

(3) 미국의 제트 항공기 개발

유럽의 제트 항공기의 개발에 자극을 받은 미국은 제트추진 군용기 개발에 적극적으로 나서, 1942년 벨 10 XP-59형 '에어 코메트(Air Commet)'기가 개발되었고, 1944년 1월에는 록히드(Lockheed)사의 'F-80 슈팅스타(Shooting Star)'가 제작되었다.

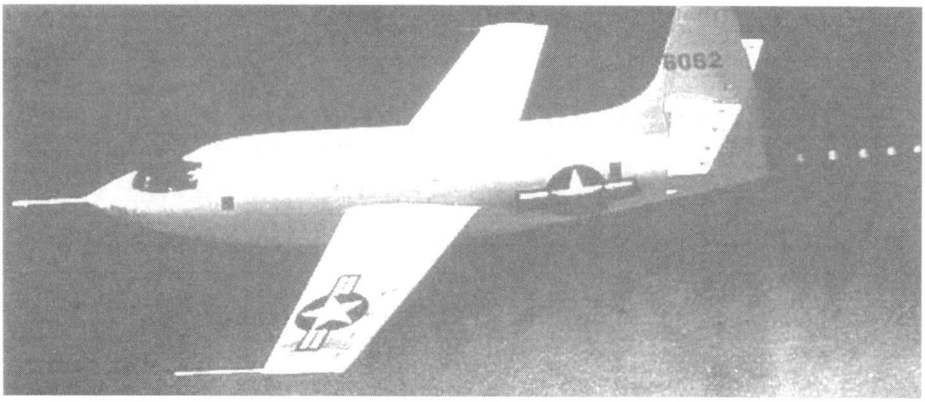

[그림 1-18] 최초 음속돌파한 XS-1 로켓항공기

1947년 6월 30일에는 'Bell X-1'에 의한 역사적인 세계 최초 로켓 항공기의 비행이 실시되기에 이르렀는데, 시험비행사인 '예거(Charlse E. Yeager)'가 시속 1,003.9km(약 542KTS) 당시 세계 최고속도를 수립하였고, 동년 10월 14일에는 세계 최초로 음속돌파 비행을 성공시켰다. 이것은 B-29 폭격기에 실려서 상승한 다음 폭격기에서 분리되어 초음속 비행에 성공한 실험용 비행기였다.

최초로 음속을 돌파한 사람은 1953년 미 공군의 에버리스트(Everest. F. K) 중령이었다. 그는 F-100 전투기로 마하 1.06의 속도로 비행함으로써 명실 공히 제트비행기에 의한 최초의 초음속 비행이었다.

초음속 비행을 위한 항공기의 구조적인 문제 및 고속비행 시에 발생하는 고열과 관련한 금속 재료적인 문제를 극복하고 F-86 세이버(Sabre) 전투기를 개발함으로써 명실 공히 제트시대를 선도하게 되었다.

이 전투기는 1950년대 초 한국전에 참전하여 소련의 미그(MiG)와 격돌, 세계 최초 제트기끼리 공중전을 벌여, 13 : 1의 일방적인 격추율을 기록하여 당시 미국의 항공기 제작기술이 소련보다 앞서 있음을 입증하였다.

[그림 1-19] F-86 제트 전투기 편대비행 모습, 한국전쟁 이후 한때 한국 공군에 도입되어 주력기로 운용되고 있었다.

(4) 민간항공기의 발전

이러한 제트시대의 변화는 비단 군용 전투기에서뿐만 아니라 상용 민간항공기에도 넓게 파급되었다. 2차 대전 중 급속히 발전한 폭격기 및 군용수송기의 설계 및 제작 기술이 대전 후에는 장거리 수송기 개발에 응용되었으며 성능도 향상되었고, 최대속도는 2차 대전 중의 전투기와 비슷하며 항속거리는 대서양 무착륙 횡단이 가능할 정도로 발달되었다.

대표적인 장거리 고속 수송기로는 B-29 폭격기에서 발전한 보잉사의 '스트라트 크루저'와 C-54에서 발전한 더글러스사의 'DC-4.6.7.8' 등으로 모두 2차 대전 중에 그 기초 연구가 이루어졌다. 이후 민간항공기에도 제트기가 등장하게 되는데 세계 최초로 취항한 민간항공기는 영국의 '코메트 1' 항공기로서 1952년 5월 2일, 런던-요하네스버그 간 정기항로에 취항하였다.

본격적인 제트기시대는 미국 보잉사의 독자적인 제트여객기 개발에서 시작되었다. 승객 100명 이상을 태우고 대서양을 횡단하여 태평양을 한 번 착륙하고 횡단할 수 있는 성능을 구비토록 요구되었다.

이러한 요구를 충족시킬 수 있는 기종으로 보잉 707이 등장하여 1945년 7월에 처음 각 노선에 배치되었고, 이어서 보잉 727이 출현하였다. 원거리용으로는 미국의 보잉 707, 더글러스사의 DC-8 개량연장형, 소련의 TU-104와 IL-62, 중거리용으로는 보잉 727, 프랑스 슈드 아시옹사의 카라벨 등이 있다.

1950년대 개발된 여객기들은 터보제트 기관을 장착하였기 때문에 1세대 여객기라고 불려진다. 높은 고도를 비행하는 여객기에 사용되는 터보제트 기관은 천음속에서 초음속까지의 비행 속도에서는 효율이 좋으나, 천음속 이하에서는 추진 효율이 떨어지고, 연료 소비율이 증가되며, 배기 소음이 매우 큰 결점을 가지고 있었다.

음속 이하의 제트수송기 영역에서 가장 중요한 한 단계는 터보팬 항공기의 개발로 500명 이상을 한 번에 수송할 수 있는 록히드사의 L-500(C-5)와 더글러스사의 DC-10, 그리고 B-747 등 거대기 실용시대로 발전되었다.

초음속 제트여객기(SST : Super Sonic Transporter) 개발은 1950년대 말부터 영국, 프랑스, 구소련, 미국 등이 경쟁하며 연구, 개발하기 시작했다. 그중에서 영국과 프랑스가 협력하여 공동 개발한 서로 협력한다는 뜻을 가진 콩코드(Concorde)기로서 1969년에 첫 비행을 하고, 1976년에 정기항로에 취항하였다.

콩코드기는 모두 20대 생산되었으나, 항속거리가 짧고 연료 소비율이 높아 경제성이 낮다는 문제점 외에도, 소음, 공해 등으로 2005년을 끝으로 운행이 중단되었다. 구소련은 1968년 TU-144를 개발하였으며, 미국은 1963년부터 개발계획을 가지고 있었으나, 기술적 문제와 환경문제로 실행되지 못하였다.

일찍이 네덜란드의 알버트 프레스만은 항공기의 혜택으로 인류는 하나의 공동체로 뭉쳐지며 대기의 바다를 통하여는 여러 나라의 국민이 하나로 통일하게 될 것이라고 예언하였다.

양차대전 이후 급속한 항공기술의 개발로 인하여 지구는 거미줄 같은 항공망으로 뒤덮이게 되었으며, 축적된 첨단 항공우주 과학기술은 인간을 달 표면에 안착시켰다.

걸프전의 '보이지 않는 항공기' F-117(Stealth)을 비롯하여, 꿈의 공격기라고 불리고 있는 F-22(美) 차세대 제공전투기 및 B-2 등이 등장하기에 이르렀으며, 불과 100여 년 전만 하더라도 인류의 '꿈'에 불과했던 하늘로의 비상이 이젠 상상을 초월하는 빠른 속도로 발전 및 변화되어 감으로써 인간의 무한한 능력에 경의를 표하게 된다.

제 2 절 우리나라의 항공관련 발전과정

2.1. 항공관련 일반

우리나라의 항공기 산업은 약 50여 년의 짧지 않은 역사를 가지고 있다. 그러나 최근 수년간 활발히 논의되고 있는 본격적인 민항기 시장진입과 항공기 개발사업을 감안하면 타 산업의 눈부신 발전에 비해 그동안 발전과정은 항공기 산업의 본격적인 태동을 준비한 시기라 할 수 있다. 그 결과 2005년 우리나라는 세계 열한 번째 초음속 전투기 생산국으로 자리하게 되었다.

우리의 옛 선조들의 하늘에 대한 꿈은 이미 조선시대부터 '비차(飛車)'를 만들어 타고 날았다는 기록에서 볼 수 있듯이 꽤 오랜 역사를 가지고 있다. 이 비차를 이용한 비행에 대한 기록으로는 조선 철종 때의 고증학자 이규경이 지은 오주행분장전에 실린 "비차설"이 있다. 그러나 이에 대한 연구기록이 전무한 상태로서 많은 아쉬움을 남기고 있다.

현재 우리나라에서 설계하여 만든 '최초의 항공기'로 인정받는 '부활

(復活)'호가 만들어진 것은 해방 후인 1952년도의 일로서, 그로부터 수백 년이 흐른 다음이었다. 1903년 라이트 형제 동력비행기로 비행에 성공한 이래 이미 미국 등 열강에서는 항공산업이 눈부시게 발전하고 있었으나, 당시 우리나라의 국내사정은 일제의 탄압에 신음하던 국가가 흥망의 위기에 처해 있을 때였고, 근대 과학문명에 어두운 시기였다.

1. 항공 선진국의 방문비행 및 조종사 양성

우리 상공에 최초로 비행기가 출현한 것은 1913년인데, 일본 해군 중위인 나라하라가 50마력의 기관을 갖춘 비행기를 타고 서울 용산 연병장에서 이착륙 공개 비행을 실시한 것이 처음이었다. 이러한 비행은 단지 떴다가 내리는 정도의 유치한 것이었지만, 이를 처음 보는 우리나라 사람들에게는 경이로운 대상이었다.

1917년 5월에는 서울 여의도 비행장에서 미국의 곡예비행사인 스미스(Smith, A.)에 의하여 사상 처음으로 곡예비행 대회가 열렸다.

두 번에 걸친 비행은 한국국민들에게 근대 과학에 대하여 눈을 뜨게 하였고 청년들에게 창공에 대한 동경과 이상을 가지게 하였다.

한국 최초의 조종사들로는 1920년 독립군 조종사로 활약한 장병훈, 오임하, 이용선, 이초, 이용근, 한장호 여섯 명으로 독립군 비행사 양성소(Korea Aviation Club)를 1921년 미국 캘리포니아 노백린 장군(상해 임시정부 군무총장)이 주도하여 레드우드 비행학교에서 제1, 2기생 약 41명을 교육훈련 시켰다.

우리나라 상공에서 최초로 비행한 사람은 한국인 조종사 안창남으로서 1922년 12월 10일에 일본에서 분해하여 운반해 온 비행기 금강호를 여의도에서 조립한 후, 서울 및 인천에서 고국 방문비행을 공개하여 일제하에 있던 한국인의 사기를 높이는 한편 한국인의 기량을 과시하였다.

1920년대에 활약한 한국인 조종사들로서는 일본에서 수업한 안창남을 비롯하여 장덕창(공군 초대 참모총장 역임), 신용욱, 서응성, 김용성, 김동업 등과 중국에서 수업한 군 비행사인 서왈보, 최용덕 등이 있다.

여류 비행사들을 보면 1925년 중국 운남 육군항공학교를 졸업한 권기옥, 1926년 일본의 비행학교를 졸업, 1949년 1월 여자 항공교육대 대장에 보임된 이정희를 비롯하여, 1933년 일본에서 한국까지 장거리 모국방문 비행의 꿈을 안고 고국으로 비행 중 기상불량으로 하꼬네 상공에서 실종된 박경원이 있다

이즈음 신용욱, 서웅성, 김동업 등은 일본 도쿄에서 조선 비행가 협회를 결성하고 후배양성에 전력하기도 하였다.

제1차 세계대전이 끝나자 각국은 해외비행을 시도하였는데, 당시의 비행기들은 항속거리가 짧은 관계로, 우리나라는 지리적으로 보아 중간 착륙지로서 중요한 역할을 하게 되었다. 중간 기착지로서의 한국 경유 비행은 1920년 2월에 이탈리아 공군 조종사인 페라린(Ferrairin)과 마제로(Masiero)가 세계일주 비행을 세우고, 로마를 떠나 일본의 도쿄까지 지구를 반 바퀴를 도는 비행 중 5월 23일 신의주를 거쳐 25일 서울에 도착하였다.

2. 민간항공에 의한 항공개념 태동

우리나라에서 최초로 민간항공을 개설한 사람은 이기연 비행사로서, 1926년 서울에 경성항공 연구소를 창설하였으나, 설립자 자신은 비행기 사고로 불과 1년 만에 단명으로 끝나고 말았지만, 그는 우리나라 항공사업을 일으킨 민항의 창시자이다.

1930년 5월, 신용욱에 의해 여의도에 최초의 비행학교가 설립되었으며, 같은 해 9월에 첫 사업으로 관광비행을 실시하여 한국인에 의한 첫 유료비행이 시작되었으며, 1936년 10월 새로이 조선 항공사업회사를 설립하여 민간항공 운송사업을 시작하고 서울~이리 간의 정기항로를 개설하였다.

제2차 세계대전이 발발하기 전까지 10대의 경비행기와 DC-3기 1대를 도입하여 취항시킴으로써 항공사업은 더욱 활기를 띠게 되었다.

1945년 광복 후 대한 국제항공사가 설립되었고, 1948년 8월 정부수립 직전에 미국에서 스틴슨(Stinson)기 3대를 도입하여 대한국민항공사(Korea National Airlines)로 개칭하고 정기여객 노선으로, 서울~부산 간을 취항하였고, 1950년 12월에 DC-3(美) 3기 도입해 옴으로써 항공사로서의 발판을 굳히게 되었다.

국제선으로 우리나라에 가장 먼저 진출한 외국 항공사는 노스웨스트(美) 항공사이며, 미군정과의 인연으로 처음 운항이 이루어지면서 1946년 후반부터는 여객까지도 수송하게 되었다. 정부수립 이후 1952년 3월, 자유중국과의 잠정 항공협정으로 중국 민간항공사의 타이베이~서울~도쿄 간의 국제선이 개설되었고, 1954년 7월 2일 영국과 잠정 항공협정으로 대한국민 항공사는 새로이 도입된 DC-4기로 서울~타이베이~홍콩노선을 취항하게 되었는데, 이것이 우리나라 항공사상 민간항공사 최초의 동남아 국제노선이다.

1958년 2월 16일에는 대한국민항공사 소속 DC-3기 1대가 민간항공사상 최초로 북한에 의해 공중납치 되었다.

3. 민간항공의 성장

1960년 8월 15일, 또 하나의 항공회사인 한국항공(Air Korea)이 설립되었다.

이 한국항공은 부정기 항공 운송사업으로 출발하여 본격적인 항공운송사업으로 전환, 한일 노선과 미주 노선의 개설을 계획하고, 우선 미국에서 컨베이어-240기 1대를 도입하여 국내선에 취항시켰으나, 당시에 국내 사정이 정치적으로 불안정하여 취항 5개월 만에 휴항하게 되었다.

한미 잠정 항공협정에 따라 대한국민항공사도 서울~시애틀 간을 취항할 권리를 획득하고도 운항을 못하고 있을 때, 1961년 4월에 노스웨스트사와 중국 민항공사가 서울~도쿄 선에 DC-8 제트 여객기를 투입하게 되었다.

1961년 5 · 16 혁명이 일어난 후 대한국민항공사는 경영난 등의 이유로 문을 닫게 되었고, 우리나라 민간 항공운송사업이 중단될 위기에 직면함에 따라, 정부는 정부 출자로써 국영 항공공사를 설립하기에 이르렀다. 1962년 3월에 대한항공공사법을 공표하여 6월에 대한항공공사가 정식으로 발족되었으나, 자본금의 부족에서 오는 경영난으로 1969년 2월을 기해 국영기업으로서는 종말을 맞게 되었다. 같은 해 3월에 대한항공공사는 민영화되어 오늘날의 대한항공 모체가 되었으며, 1988년 2월 우리나라의 제2 민간 항공회사인 아시아나항공이 발족되었다. 아시아나항공은 그해 12월 국내선 취항에 이어, 1989년 12월 국제선에 취항함으로써 우리나라의 민간항공은 계속적으로 발전해 나아가고 있다. 최근에는 국내선을 중심으로 항공요금의 대폭적 인하에 의한 저가 항공사가 설립 운영되면서 제3의 민간항공시대를 맞게 되었다.

1990년대 들어 항공기에 의한 항공수송의 수요는 폭발적으로 증가하였으나, 이를 수용할 수 있는 공항시설은 한계에 도달하였다. 21세기에는 항공수송을 이용한 물동량이 더욱 늘어날 것을 예상, 제1단계 사업으로 기존 공항보다 2배 이상 수용능력을 가진 인천 국제공항을 건설하였는데, 1990년 6월 신공항 부지를 선정하고, 1992년 11월 부지를 선정하고 조성공사를 착공하여 2001년 3월 29일 공항을 개항, 영업활동을 개시하기에 이르렀다. 인천 국제공항은 현재 물동량 비교 세계 4위의 공항으로 자리매김 하고 있다. 참고로 우리나라 민간항공기의 보유 대수는 다음과 같다.

<표 1-1> 민간항공기 보유 현황

2004. 3. 기준

구 분	수송기	경비행기	헬기	기타	계
정기운송 사업용	178	-	-	-	178
부정기운송 및 사용사업용	-	13	54	-	67
자가용	1	32	103	2	138
계	179	45	157	2	383

2.2. 우리나라의 항공기 산업

우리나라의 항공기 산업은 초기에는 1955년 연락기인 L-19기의 기체 정비로부터 시작되었다. 그러던 중 1960년대 초에는 F-86제트기 정비, 1970년대에는 F-5와 F-4전투기의 정비, 그리고 대한항공의 민간항공기 정비를 거치면서 최근의 100인승 중형항공기 개발사업 등 민간항공 분야에서도 괄목할 만한 성장을 거듭한 끝에 드디어 2000년 8월 우리 기술로 독자 개발된 KT-1(雄飛) 기본훈련기가 양산체제를 갖추고 세계 수출 시장에 진출한 것은 물론 2002년에는 T-50 고등훈련기(Golden Eagle)의 자체 개발 및 수출은 우리나라 항공산업의 미래를 전망함에 있어 확실한 청사진을 제시하고 있다.

1. 항공기 산업의 발전과정

(1) 항공기 산업의 태동기

항공기의 정비기술을 제외한 기술도입, 조립생산 단계 이후의 항공기 산업을 범주로 정의한다면 우리나라 항공기 산업의 역사는 겨우 30여 년에 불과하다.

현재 우리나라에서 설계하여 만든 '최초의 항공기'로 인정받는 '부활(復活)'호는 1950년 공군에서 독자 설계한 2인승 군용 경항공기로서 이 항공기는 용접 강관 트러스로 만든 동체 구조물과 알루미늄 박판 주익 구조에 천을 도포한 형태로 지금의 관점에서 보면 주먹구구식에 가까운 시도라 볼 수 있으나 당시로서는 대단히 선구적인 작품이었다.

1960년에는 미국의 설계도면에 입각하여 공군에서 PL-2를 제작하였으며 1978년 항공공업진흥법 제정되면서 항공기 산업의 국가적 육성 기반을 조성하게 된다. 1980년대 초 KAIST에서 통일산업(주)의 연구비 지원으로 3인승 알루미늄 경항공기인 'CH-300'을 조립하였고, 1980년대 중반 이후 대한항공, 삼선알미늄, 한국화이바로 구성된 항공우주연구조합을 결성, 과기처의 예산지원으로 5인승 경항공기인 '창공-91'을 개발하였다. 1990년대 초에는 상공부의 예산지원으로 한국항공우주연구소 등이 공동으로 레저 스포츠 시험용 항공기인 '까치'호를 독자 개발하여 미국 'Sun & Fun' 에어쇼에 출품하기도 하였다.

1987년에는 항공우주산업 개발촉진법 제정, 우주부문 산업을 산업 개념에 포함시키고, 사업을 허가제에서 신고제로 전환하며 한국기계연구원 산하에 한국항공우주연구소를 설립하여 항공우주과학기술연구개발사업을 효율적으로 추진할 수 있는 기틀을 마련하였다.

(2) 항공기 산업 도약기

1970년에는 500MD 헬리콥터 및 F-5 제공호를 기술도입 생산을 통한 항공기를 완제품으로 생산하였다. 또한 1990년도에는 한 단계 발전된 우리 공군의 주력기인 F-16 기술도입 생산함으로써 항공기 제작산업의 선진화를 앞당기게 되었다.

1995년 1월 한국 중형항공기 사업조합(KCDC : Korean Commercial Aircraft Development Consortium)을 삼성항공, 대한항공, 대우중공업 등 항공기 제작 3사를 비롯한 14개 출자기업과 21개의 비출자기업이 컨소시엄을 구성하여 100인승급 중형항공기 개발을 시작, 최초의 여객기 개발사업을 하기에 이른다.

이 중형항공기 개발사업은 우리나라 최초의 여객기 개발사업으로서의 의미뿐만 아니라 국내 민간업체들의 잠재력을 통합한 컨소시엄 형태이기 때문에 산업 초기에서 흔히 우려되는 업체 간 과당경쟁과 이로 인한 자원의 중복투자 및 분산을 최소화할 수 있는 상호 협력체계의 구축이라는 점에서 의의를 찾을 수 있다.

그러나 이 개발사업은 공동개발 파트너였던 중국과의 협상과정에서 양국의 우위확보를 위한 이견이 노출됨에 따라 1996년 6월 최종적으로 결렬되기에 이르렀다.

(3) 항공기 국내 독자개발시대

항공기를 개발하는 데 있어 가장 기본이 되는 기체 설계를 자체적으로 수행함으로써 개발의 주도권을 갖고 사업을 해 나가는 경우를 독자개발이라 한다. 항공기의 독자개발을 위해서는 기체 설계에 필요한 항공역학적 지식과 아울러 해석 능력과 설계를 실제 생산으로 이어가기 위한 부품 생산기술, 조립기술, 시험비행능력 등의 고단위 정밀 기술체계를 필요로 한다.

군용항공기 개발을 위한 KTX-1은 최초의 국산 훈련기로서 2000년 8월, 우리 기술로 독자개발된 이후 양산(KT-1, 雄飛) 체제를 갖추고 수출단계에 와 있으며, KTX-2는 2002년 8월 시제 1호기 초도비행 성공 후 2005년 공군에 납품(T-50, Golden Eagle)하였으며, 2006년 이후 해외수출이 예정되어 있다. 따라서 항공기의 국내독자개발 및 우주사업 진출로 1990년대 이후는 항공우주산업이 본격적으로 시작된 시기로 기록되었다.

(4) 항공산업 발전단계

이상에서 살펴본 바와 같이 우리나라의 항공산업 발전단계를 정리해 보면 대략 다음과 같다

<표 1-2> 우리나라 항공산업의 발전단계

구분	1950~1960년대	1970년대	1980년대	1990년대	2000년
특징	· 정비	· 창정비 · 조립생산	· 조립생산 · 부품국산화	· 소형기 개발사업 · 국제협력 사업	· 국산군용기 양산
주요 사업	L-19 정비 F-86 정비	· F-4/F-5 창정비 · 500MD 면허생산 · A225 엔진생산	· F-5 면허생산 · F-16 부품생산 · J69 엔진생산 · 민항기 부품 수출	· KTX-1 기본 훈련기 개발 · KTX-2 고등 훈련기 개발 · 창공91 경항공기 개발 · DO328 국제공동생산 · 독자모델 개발 추진	· KT-1 웅비양산, 수출 · T-50 골든 이글 양산, 수출

Chapter

2 한국의 군사용 항공기 개발

제 1 절 개 요

1.1. 일 반

지난 2000년 8월 우리 기술로 독자개발된 KT-1 기본훈련기가 양산체제를 갖춘 지 2년 만에 세계 수출시장에 진출하게 되었고, 이어 2003년 2월에는 초음속 고등훈련기인 T-50 시제기 1호가 초음속 비행에 성공함으로써 세계에서 12번째로 초음속 항공기를 개발한 나라가 되었다. 따라서 우리나라는 KT-1의 독자개발 · 양산 · 수출을 기점으로 T-50 초음속 항공기를 양산하게 되었으며, 2017년까지는 최첨단 전투기까지 생산할 수 있는 괄목할 만한 항공기 생산기술의 성장을 이룩해 왔다.

1. 항공기 설계 및 시험비행

(1) 항공기 설계 및 해석

항공기 설계는 요구조건에 따라 개념설계－기본설계－상세설계의 과정을 거친다. 설계과정에는 공기역학, 비행역학, 구조역학 등의 기초분야부터 추진기관, 전기 · 전자부품 및 계통, 기타 주요 구성품 등과 세부계통(조종장치, 착륙장치, 사출좌석 등)에 이르기까지 다양한 분야의 기술이 요구된다. 최근에는 설계 및 해석과정에서 제작까지 전산화하는 것이 추세이다.

(2) 치공구 확보/부품가공

실제 제작과 조립에는 제작용 · 조립용 치공구의 설계와 제작이 필요한데, 많은 부품이 정확하게 조립되기 위해서는 특히 치구(治具, Jig & Fixture)들의 정밀도가 매우 중요하다.

항공기 제작에 소요되는 부품은 크게 3가지로 분류된다.

첫째는 가공부품, 성형부품, 복합제 부품 등과 같은 제작부품이고,
둘째는 리벳, 볼트, 너트, 베어링 등의 하드웨어류,
셋째는 엔진, 착륙장치, 사출좌석 등의 기능부품들이다.

이상의 부품은 조립의 정확성을 위해 공차 이상의 오차가 나지 않도록 철저하게 규격에 맞게 생산된다.

(3) 조립 및 최종조립

항공기 제작은 부품가공－소조립－대조립－최종조립의 과정을 거치며, 소조립과 대조립은 다시 여러 단계로 구분될 수 있다. 대조립의 단계에서는 비행기의 동체, 주날개, 꼬리날개 등의 주요 부위가 각각 조립된다.

최종조립 단계에서 날개와 동체가 결합되며 내부 추진기관, 전기 · 전자, 세부계통 부품을 장착하여 출고(出庫, Roll-Out)를 위한 기능시험에 들어간다.

(4) 지상시험과 시험비행

최종조립이 끝난 비행기는 탑재된 여러 계통에 대한 분야별 시험 및 엔진 런 업(Run-Up) 시험, 방수시험, 지상활주시험 등의 지상시험을 거쳐 설계규격에 대한 검증작업이 끝나고 비행에 대한 사전점검이 완료되면 첫 비행을 하게 된다. 본격적인 시험비행에 들어가면 요구성능의 확인 이외에도 설계나 제작상의 보완사항을 찾아내어 설계 및 제작상의 수정사항을 반영한다.

2. 항공기 생산

항공기 생산에는 독자개발, 면허생산, 탐색개발과 체계개발로 나누어지는데 개발의 주체, 개발 방식, 개발 후 사업관리 등의 요소에 따라 결정된다고 말할 수 있다.

(1) 독자개발

항공기를 개발하는 데 있어 가장 기본이 되는 기체 설계를 자체적으로 수행함으로써 개발의 주도권을 갖고 사업을 해 나가는 경우를 말한다.

기체 설계에 필요한 항공역학적 지식과 아울러 해석능력과 설계를 실제 생산으로 이어가기 위한 부품생산기술, 조립기술, 시험비행 능력 등이 필요한데, 최근에는 여기에 들어가는 천문학적인 비용을 분담하기 위한 공동개발 형식이 많이 도입되고 있다.

공동개발을 할 경우에는 개발업무를 분담함과 아울러 개발비용과 생산비용을 동시에 분담함으로써 개발과정에서 빚어지는 위험을 함께 책임지는 경우가 많은데 이를 위험분담 방식이라 한다.

(2) 면허생산/공동생산

개발이 완료된 항공기를 생산면허를 취득하거나 공동생산계약을 맺어 일부 혹은 전체 부품을 자체 생산, 조립하는 경우를 말하는데, 우리나라의 경우에는 F-16 면허생산 사업을 통해 우리 공군이 운용하는 KF-16 (한국형 F-16)을 생산했으며, 이 과정에서 많은 생산기술을 이전받게 되었다.

기술이전의 또 다른 방법 중의 하나로 이른바 절충교역이라 불리는 옵셋(Offset) 사업이 있는데, 이는 외국으로부터 군사관련 장비와 서비스를 구매조건으로 기술이전, 부품생산, 수출 등의 반대급부를 요구하는 것을 말한다.

(3) 탐색개발과 체계개발

항공기의 성능과 요구조건을 결정하는 개념설계가 이루어진 후 하부체계와 구성품 등에 대한 위험분석, 기술 및 공학적인 해석, 시뮬레이션을 실시하여 다음 단계로 전환할 수 있는 가능성을 확인하게 되며, 체계개발에서는 실제 시제기를 설계, 제작하여 양산 예정인 무기체계를 개발하게 된다.

대개 탐색단계에서는 개발할 항공기의 외형을 결정한 후 필요한 경우 1 : 1 모형을 제작하는 정도에서 그치고, 시제기의 제작이나 비행까지는 해보지 않는 것이 통례였는데, KTX-1 개발사업에는 탐색개발 단계에서 시제기의 첫 비행이 이루어지게 되었다.

1.2. 군사용 항공기 개발 역사

1장 2절에서 언급한 것처럼 구미열강에서는 항공산업에 집중 투자하여 항공산업이 발전해 가고 있었다. 그러나 우리나라는 일제 강점하에 있던 시기였기 때문에 항공산업에 신경 쓸 엄두도 못낼 시기를 보내고 있었다.

1945년 광복을 맞은 우리나라는 항공의 중요성을 깨달았던 이승만 대통령의 후원에 힘입어 1951년 미국 T-6를 개조한 'NK-1 통해'호를 제작하였으며, 이어 1952년 11월에는 공군기술학교 교관들이 직접 설계한 '부활'호가 제작에 들어간다.

부활 호는 85마력짜리 왕복엔진을 장착한 길이 6.6m, 폭 12.7m, 높이 2.07미터의 경비행기급 항공기로 1954년 시험비행에 성공한 후 3대를 제작하였다.

1955년도의 L-19 기체정비, 1960년대의 F-86, 1970년대의 F-5/4의 기체정비 등 당시의 우리나라 항공기 제작기술은 정비수준에 머물고 있었다.

1970년, 박정희 대통령은 자주국방력의 배양을 위한 국방과학기술연구를 위해 국방과학연구소(ADD : Agency for Defence Development)를 설립한다. 이곳에서 국산 군용항공기의 개발이 시작되었다.

드디어 1980년대에는 F-5 '제공호'의 기술도입 생산으로 어느 정도의 항공기 생산에 대한 기초는 다져가기 시작했다고 볼 수 있다. 1990년대의 F-16 기술도입 생산은 군사용 항공기의 자체생산의 신호탄이었으며, 드디어 2000년대의 KT-1 기본훈련기 개발에 이어 초음속 전투기인 T-50 골든 이글을 자체 생산하기에 이른다.

1. 개발배경

1980년대 후반 정부는 T-37, TF-5B 등 노후화된 훈련기의 대체, 독자적 항공무기체계 확보, 항공기 기술개발 확보를 통한 군 전력 증강 및 국내 항공산업의 육성 발전의 필요성 등을 고려하여 KFP 사업 절충교역의 일부로 고등훈련기(가칭 KTX-2)를 국내 연구개발로 획득하기로 방침을 결정하였다.

이에 따라 미국 록히드사의 기술지원 아래 KTX-2 탐색개발(개발개념 정립 및 기본형상 설계)을 추진하여 초음속 고등훈련기 KTX-2A(T-50)와 기종전환 훈련기 및 경공격기로서의 기능을 보유한 KTX-2B(A-50)의 개념설계가 완료되었다.

1997년 7월 항공우주산업개발 정책심의회에서 체계개발사업 착수를 결정하고 록히드마틴사의 개발 참여 결정에 따라, 동년 10월 정부가 70%, 삼성항공이 17%, 록히드마틴사가 13%의 개발비를 분담하는 정부관리 업체 주도형의 KTX-2 체계개발사업 계약이 한국공군과 주계약자인 삼성항공(주) 사이에 체결되어 본격적인 개발이 진행되었다.

2000년 2월 한국공군은 국산 고등 훈련기(KTX-2)의 정식명칭을 T-50/A-50 골든이글(황매)로 결정하였다.

2003년 9월 초도 시험평가 결과 잠정전투용으로 사용 가능 판정을 근거로 2003년 12월 초도 양산이 승인되었으며, 현재는 양산 및 해외 수출을 위한 협상단계에 와 있다.

2. 개발연혁

개발연혁을 살펴보면 1983년 8월 방위력 개선 위원회에서 군전력증강사업을 통해 국내항공산업을 발전 모색하라는 대통령의 지시가 있은 후 여러 가지 국내사정으로 지지부진 하던 차에 1987년 12월 항공우주산업개발촉진법이 제정(통상부, 2000년대 세계10대 항공국가 진입 목표)되면서 본격적인 항공산업의 계기가 되었다 할 수 있다.

□ 개발 건의

- 1989. 4 고등훈련기(KTX-2) 개발 건의(국방과학연구소)
  - . 6 기술전수를 활용하여 국산 항공기 개발 검토지시(대통령)
- 1989. 12 KTX-2 연구개발 소요 제기
  - 고등훈련기 체계 기초연구 승인
  - 연구내용 : 체계소요 기술분석, 체계개념설계 연구 및 BAe 기술전수
- 1990. 6 KTX-2 사업을 통한 기술습득은 제한되므로 핵심기술을 확실히 습득할 수 있도록 국산 항공기 개발계획 검토(국방연구개발 활성화를 위한 실태보고 시 대통령 지시)

□ 탐색개발 건의

- 1990. 7 KTX-2 주생산업체(삼성항공) 지정
- 1991. 9 고등훈련기 개발 기술이전 관련 MOU 체결
  - . 10 KFP사업 절충교역 합의서(고등훈련기 개발 기술이전) 체결
  - . 12 T-X 절충교역으로 항공기 개념설계 연수(영국 BAe)
- 1992. 5 KTX-2급 항공기 추가소요 검토제기
  - . 7 KTX-2급 기술지원 협정서 및 이행계약 체결

□ **탐색개발 착수**

- 1992. 1 국과연 주도, 황매사업설계팀 구성. 미 포트워스(록히드)에서 기술이전 설계 및 개발 추진
- 1992. 10 KTX-2 개념 및 기본설계업무 착수(한·미 연구원 140명 투입)
  . 12 KTX-2 탐색개발계획 승인(국방부)
  . 12 고등훈련기 개발 관련 정책토의 개최
    - 1993～1995 탐색개발계획 추진 결정, 국제공동개발방안 검토 및 국방연구원에 체계개발 최적방안 연구검토 지시
- 1995. 12 1993～1995년 KTX-2 탐색개발계획 승인

□ **체계개발 준비**

- 1993. 4～7 체계개발 방안 검토회의 개최(국과연 주관)
    - 성능개량방안 동시검토 필요
    - 초음속급으로 공동개발을 제안한 스페인 CASA 및 미국 록히드마틴사와 공동개발 추진(안) 협의 필요
    - 개발방안별 분석(독자/공동개발, 개량/신규개발) 및 목표속도는 초음속(마하 1.3) 급으로 잠정 결정
- 1994. 3 KTX-2 체계개발(선행/실용개발) 계획(안) 제출(삼성항공)
  . 8 3국 공동개발(안) 제출(삼성항공)
  . 11 삼성항공에 고등훈련기 체계개발계획 수립 지시(국방부)
- 1995. 6 체계개발 방식을 업체주도 국제협력개발로 결정(국방부)
  . 7 체계개발 참여 대상 국내 17개 협력업체를 대상으로 사업설명회 실시
- 1996. 3 체계개발 계획서(1997년 1월 착수기준) 제출(삼성항공)
  . 6～7 국내협력 대상업체(11개 업체) 국산화 능력 실사
  . 7 공군～삼성항공 간 고등훈련기 체계개발동의서 확정
- 1997. 6 국방부에 KTX-2 체계개발계획서(최종) 제출(삼성항공). 총사업비 중에 국방부 50%, 재정경제원 20%, 삼성항공 17%, 미국 록히드마틴사 13% 담당

□ 체계개발 승인

- 1997. 7. 21 KTX-2 사업계획 승인(국방부, 1997-11차 획득협의회)
  . 9. 12 KTX-2 체계개발사업 승인(국방부, 확대 방위력 개선위)
  . 9. 26 고등훈련기 체계개발사업 대통령 재가
  . 10. 6 고등훈련기 체계개발사업 집행승인 하달(국방부)로 인해 체계개발 착수, 공군/주 계약업체(KAI) 계약 체결

□ 개발추진 경과

- 1997. 11 미 정부 수출승인(EL) 발행
  . 11. 20 엔진 기종 결정(공군), 미국 GE사의 F404 터보팬 엔진
- 1998. 5. 28 KTX-2 레이더 기종 결정(공군), 미국 록히드마틴사의 APG-67
- 1999. 1～2 KTX-2 사업추진현황 순회 설명회
  . 8, 31 항공기 외형형상(OML) 확정(형상 506)
  . 12 전방동체 치공구 제작 착수
- 2000. 2. 8 KTX-2 정식명칭 제정
  - 명칭 : 고등훈련기(T-50), 별칭 : 황매(Golden Eagle)
- 2001. 1. 15 비행시제기 #1호기 최종조립(MTD) 착수
- 2001. 10. 31 대통령 임석하에 비행시제기 출하(Roll-Out) 및 명명식 실시
- 2002. 4. 1 훈련장비 영상시스템 개발 착수
- 2002. 8. 20 T-50 비행시제 1호기 초도비행 성공(16시 24분, 비공개)
- 2003. 2. 18 T-50 고등훈련기 초음속돌파비행 성공(비공개)
  . 12 초도양산 승인
- 2005. 한국공군에 납품 및 해외수출 추진

1.3. T-50 개발사업 참여업체

개발사업 및 국산화에서 기체 부문 및 군수지원·훈련체계 부문은 100% 국산화가 가능할 것으로 예상되며, 항전·제어 부문은 비행제어 컴퓨터(FLCC), 무장관리 컴퓨터(SMS), 레이더 등 핵심품목 위주로 국산화를 추진할 예정이다. 또한, 주요 계통·보기 부문은 착륙장치 및 유압 작동기 등 일부 품목의 설계능력을 확보한 상태에서, 유압·전기 계통 및 엔진 등에 대한 세부 품목별 가공 국산화를 수행할 예정이다. 이와 같이 T-50 국산화는 과거에 수행한 KFP 면허생산, KT-1 등 타 사업과 비교해 볼 때 보다 많은 품목의 국산화가 진행되면서 국내의 많은 관련 업체가 참여하여 기술개발의 향상은 물론 항공산업의 획기적인 발전으로 이어질 것이다.

<표 2-1> T-50 개발사업 분야별 참여업체

구 분			체계개발	양 산	국내업체
기 체		·최종조립	○	○	한국항공
		·전방동체	○	○	
		·후방동체	○	○	
		·중앙동체	○	○	
		·미익	○	○	
		·캐노피	○	○	한국화이버
세부계통	이차동력	·APU	-	○	삼성테크원
	유압계통	·펌 프	-	○	환 화
		·저장조(Reservoir)	-	○	
		·축압기(Accumulator)	-	○	
		·LEFAS	○	○	
		·FCISA	○	○	
		·속도 브레이크 작동기	-	○	
	착륙장치	·주륜 착륙장치	○	○	위아
		·전륜 착륙장치	○	○	위아
		·주륜 타이어	○	○	금호산업
		·전륜 타이어	-	○	금호산업

구분			체계개발	양 산	국내업체
세부계통	전기계통	· 주발전기	-	○	경주전장
	무장계통	· 건 시스템	-	○	통일중공업
		· 파일론	○	○	한국항공
	추진계통	· 엔진	-	○	삼성테크윈
항공전자		· 레이더 · U/VHF · HUD · EGI(Embedded GPS/INS) · SMS(Store Management System)	- - - - -	○ ○ ○ ○ ○	LG 이노텍 〃 〃 대우종합기계 한국항공
비행제어		FLCC(Flight Control Computer)	-	○	LG 이노텍
군수지원/훈련체계		· ATE(automatic test equipment)	○	○	한국항공
		· PMA(Parts Manufacturer Approval : 부품제작자 증명)	○	○	
		· FMT(Filtered Multi-Tone)	○	○	
		· OFT(Output Feedback Tracking)	○	○	

제 2 절 수출전망과 경쟁력

2.1. 수출전망

T-50/A-50은 2000년대 들어 전 세계 항공업계에서 최초로 출시되는 고등훈련기 겸 경공격기 기종이다. 전 세계에서 고등훈련기로 이용되고 있는 T-38 등은 지난 1950~1960년대에 개발된 기종들로 기술적인 후진

성과 기체의 노후화로 인한 유지비용 상승 및 정비부품 부족이 심각하여 대체기종에 대한 수요가 지속적으로 증가하고 있다.

또한 각국이 채택하고 있는 4세대 및 5세대급 전투기의 최첨단 성능과 기동력에도 불구하고 훈련을 수행할 마땅한 훈련기종이 없어 T-50의 수출전망은 매우 밝다.

실제로 KAI와 록히드마틴사가 공동으로 전 세계 150여 개 국가의 동급 기종 항공기 보유 및 운용현황, 노후기종 교체시기 등을 조사한 결과에 따르면, 2030년까지 우리나라와 방산물자 교역이 가능한 국가의 고등훈련기 시장 규모는 약 1,200대, 고등훈련기에 무장을 탑재한 경공격기의 시장규모는 2,100대로 총 3,300대의 신규 및 교체 수요가 예상된다.

전체 예상수요 가운데 경쟁기종의 항공기 성능, 군수 지원체계, 훈련시스템 등 세부 비교항목을 기초로 실시한 종합평가에서는 T-50 고등훈련기 350대, 파생기종인 A-50 공격기 450대의 수출이 가능하다는 결과가 나왔다. 이에 따라 최소 800대, 시장점유율로는 25%, 금액으로는 약 300억 달러에 이르는 수출을 기대하고 있다.

이를 위해 KAI는 해외수출을 위한 마케팅 주체인 TFI(T-50 International)를 2000년에 설립, 록히드마틴사와 공동으로 운영하고 있다. 단기적으로 2005년까지 실질적 구매의향서 체결을 위해 중동·유럽·미국 등 핵심 대상 3~4개 국가를 선정하여 전략적 제휴를 추진해 나가는 한편, 중장기적으로 유럽통합훈련기(Euro-Trainer), 미국 T-38 등 대규모 대체소요 물량을 확보해 나갈 계획이다.

2.2. 경 쟁 력

T-50의 경쟁력은 다음과 같은 조건들에서 볼 수 있듯이 단연 돋보일 것으로 기대된다.

첫째, 현 동급기종에 비해 성능이 우수하다.

T-50은 F-22, EF2000 등 차세대 전투기 훈련을 대비하여 개발되었고, 디지털 비행제어(Fly-By-Wire) 및 최신 항공전자 장비가 장착되어 기존 고등훈련기에 비해 성능이 월등하다.

둘째, 성능 대비 가격경쟁력이 우수하다.

개발단계부터 정비 운용 측면을 고려하고 신뢰성이 향상된 최신 계통 장비를 채택하여 운영 유지비용 및 순기비용(Life Cycle Cost) 절감 효과가 매우 크다.

셋째, 국제협력개발을 통하여 신뢰도 및 인지도가 제고되었다.

세계 최고수준의 전투기 제작업체인 록히드마틴사와의 국제협력개발을 통해 항공전자 비행제어 등 핵심 시스템을 개발 장착함으로써 제품에 대한 대외 신뢰도 및 인지도가 크게 제고되었다.

넷째, 세계시장 진입의 적기다.

현재 T-50 외는 차세대 전투기용 고등훈련 및 경공격기 개발계획이 없어, 개발성공 시 신규시장 진입 전망이 아주 높다. 더욱이 전 세계 훈련기의 주공급원인 유럽업체에서는 EF2000 공동개발계획이 지연 중인 상황으로, 세계시장 진입이 적기라 판단된다.

제 3 절 국산화 현황 및 양산계획

3.1. 국산화 현황

T-50 사업의 국산화는 체계개발 국산화와 양산 국산화로 구별된다. 체계개발 국산화는 국내 자체적으로 또는 해외업체와 협력하여 설계 및

<표 2-2> 국산화 대상품목

국내업체	대 상 품 목
경주전장	· 주 발전기
금호 업	· 주륜 타이어, 전륜 타이어
삼성크원	· 엔진, 보조동력 장치(APU)
위아	· 주륜/전륜 착륙장치
한국항공	· 최종조립, 전방/중앙/후방동체, 미익
	· 조종사 시뮬레이터(OFT, FMT), 자동시험장비(ATE), 휴대용 정비지원장비(PMA)
	· 파일런
한국화이버	· 캐노피
한화	· 앞전플랩작동기(LEFAS), 비행조종작동기(FCISA)
	· 스피드브레이크 작동기, 기타유압장치(Accumulator, Reservior)
LG 이노텍	· U/VHF, 전방시현기(HUD), 비행제어 컴퓨터(FLCC), 레이더
대우종합기계	· 통합위성/관성항법장비(EGI)
통일중공업	· 기총시스템

개발업무를 수행하는데, 현재 16개 품목에서 5개 국내업체가 참여하고 있으며, 이는 당초 사업계획 시 설정된 목표를 상회하는 수준이다. 양산 국산화는 해외 원천업체로부터 제작에 대한 면허생산권을 획득하여 국내 생산을 수행한다.

3.2. 양산계획

T-50 양산사업은 2003년 8월에 착수하였으며, 2011년까지 항공기를 생산하여 한국공군에 납품할 계획이며, 항공기 및 관련장비 일체를 획득하기 위한 총 사업비용은 약 4～5조원으로 예상된다.

T-50 생산업무 분담은 주 계약업체인 KAI가 주익 이외의 기체 부품 조립과 항공기 최종 조립을 담당하며, 국내 10여 개 참여업체는 해외업

체와 협조하여 체계개발 시 국산화된 품목인 타이어 · 착륙장치 · 캐노피 · 유압작동기 등 이외에 항전 · 제어 계통 등 일부 품목을 추가하여 약 31개 품목을 국산화 생산할 예정이다.

해외협력 파트너인 록히드마틴사는 체계개발 사업 중 개발비 2억 4천만 달러를 투자함에 따라 양산사업에서 20% 규모의 물량을 담당하도록 업체 간 사업협력 기본합의서(Teaming Agreement)가 체결되어 있다. 이에 따라 록히드마틴사는 양산사업에서 주익 생산 및 일부 장비 공급을 담당할 예정이다.

제 4 절 기 대 효 과

4.1. 효율적인 조종사 양성

T-50은 기존 고등훈련기인 호크나 F-5보다 일반 성능이 우수하고 차세대 전투기 조종환경과 유사한 첨단장비가 장착되어 있을 뿐 아니라, 각종 지상 시뮬레이터, 전자식 교보재 및 강의체계 구축으로 인해 효율적인 조종사 교육이 가능하다. 분석모델을 평가한 결과 종합적인 훈련효과에서도 호크보다 36% 이상 우수한 것으로 나타났으며, 이를 조종사 1명 양성에 소요되는 훈련 쏘티수로 평가 시에는 소요 쏘티가 22%나 감소한다.

4.2. 획득 순기비용 절감

개발 초기부터 신뢰성 · 정비성 · 안정성을 최대한 고려하여 설계된 T-50은 고장률이 낮은 최신 시스템을 장착함으로써 동급 훈련기에 비해 보다 경제적인 운영유지가 가능하다. 뿐만 아니라 탁월한 훈련효과에 따라 조종사 양성에 필요한 훈련 쏘티수 및 소요 운영기간이 대폭 절감된다.

4.3. 외화절감과 국내총생산 증대효과

T-50 양산 시 제작 조립 및 관련 엔지니어링 인력소요는 총 연인원 10,000여 명 규모이다. 이를 통해 KT-1, KFP 등 대규모 항공사업 종료 이후에도 적정 국내 기술인력의 고용 유지가 가능할 것이다. 또한 T-50 양산 획득 시에는 완제기 도입 대체 및 군수지원체계는 국내개발 등 국산화, 운영유지의 효율화로 인해 약 8억 6천만 달러의 외화절감 효과가 있다.

항공기 생산 및 후속 군수지원 활동이 국내에서 수행되는 데 따른 관련 산업 파급효과를 포함한 국내총생산(GDP)의 증대 효과도 약 47억 달러나 될 것이다.

4.4. 후속 군수지원 용이

공군의 초음속급 고등훈련기를 국내 개발 및 양산 운영하고 군수지원체계를 갖춤으로써 독자적 항공무기체계 확보 및 후속지원 능력을 확보할 수 있다.

4.5. 국제 외교력 위상 격상

T-50 양산사업의 성공적 수행 이후에는 우리나라도 첨단 항공무기체계를 연구 개발할 수 있다는 사실을 대외적으로 보여줌으로써 향후 대형 무기체계 사업관련 협상 시 보다 유리한 입지를 확보할 수 있다.

제 5 절 T-50/A-50 상세 소개

5.1. 주요 제원

T-50/A-50 골든이글(Golden Eagle)의 주요 제원은 〈표 2-3〉과 같다.

<표 2-3> T-50 주요 제원

전 장	13.14m
기 폭(W/O Missile)	9.45m
기 고	4.9m
자 중	6,481kg
최대중량	12,201kg
최대무장적재량	2,752kg
엔 진	제너럴 일렉트릭 F404-GE-102
추 력	17,700lbs(max) 11,933lbs(mil)
최대속도	마하 1.4
실용상승고도	14.8km
항속거리	1,000NM(T-50 Cleen) 1,400NM. (T-50, 3x150gal)
전투행동반경	(240NM) (HI-LO-LO-HI)
활주거리	345m 이륙 709m 착륙

5.2. 특 징

- T-50/A-50은 일반적인 주익-미익 조합을 가지는 항공기이다. 날개 앞쪽에는 F-16과 같이 고받음각에서도 높은 비행성능을 유지할 수 있도록 스트레이크가 장착되어 있다. 양방향 최대화 및 방향 안정성 향상을 위해 앞전플랩과 뒷전플랩을 가지는 가변형 캠버 주익을 채용하였다.
- 고도의 기동성을 제공하기 위해 항공기의 모든 조종면들은 디지털 비행제어 시스템을 적용하였으며, 정적 안정성이 완화되도록 설계하여 기동성능 및 순항성능을 향상시켰다.
- T-50/A-50 골든이글의 조종실은 직렬형으로 좌석이 배치되어 있으며, 후방석 조종사에게 뛰어난 시계를 제공할 수 있도록 설계되어 있다. 조종실 내부에는 비행정보의 전달이 뛰어난 전방시현기(Head Up Display), 임무와 비행 데이터를 보여줄 뿐만 아니라 경공격기로서의 무기선택과 그 제어를 가능하게 해주는 5인치 대형 다기능시현기(Multi-Function Display) 2대, 디지털 장비 및 추력변환장치와 헤드-업 운용을 가능케 하는 스틱장치(HOTAS)를 갖추고 있다.
- T-50/A-50은 17,700파운드의 강력한 추력을 지닌 엔진을 장착하여 최고 마하 1.4의 속도를 낼 수 있다. T-50/A-50 골든이글에 장착된 F404-GE-102 엔진은 최신기술로 제작되어 신뢰성 및 안정성이 향상된 고성능 엔진으로, 첨단 디지털 엔진제어 방식(FADEC : Full Authority Digital Engine Control)을 갖추고 있다.
- 골든이글의 기체 구조물은 −3g에서 +8g 사이의 설계하중 g수에 견디도록 설계되었으며, 구조수명은 8,300시간 이상으로 F-16보다 긴 설계수명을 갖는다. 아울러 골든이글은 완숙되지 않은 훈련생이 조종하는 점을 고려하여 일반적인 전투기보다 더 높은 침하속도로 착륙하는 상황에 대비하고, ‘Touch & Go’와 같이 훈련기에 고유한

반복 임무도 완벽히 소화할 수 있도록 F-16보다 더 높은 구조 하중 기준을 적용하여 착륙장치를 설계하였다.

- T-50/A-50 골든이글은 3중 디지털 비행제어(Fly-By-Wire) 시스템을 장착한 최초의 훈련기로 3중 디지털 비행제어장치는 다중모드 제어법칙과 각종 정밀센서장비, 고성능 컴퓨터 통제장비, 조종사 입력을 위한 능동형 측면 스틱장비를 포함한다. 또한 T-50/A-50 골든이글에 적용된 제어법칙은 각종 항공기 조종면들의 고장 및 이상상황 발생 시 정상작동 중인 나머지 조종면으로 비정상 작동중인 조종면의 역할을 대치토록 하는 작동기 재구성 모드를 포함하고 있는 등 각종 고장발생 및 이상상황 발생 시 최대한의 조종성과 생존성을 확보하도록 설계되어 있다.
- T-50/A-50 골든이글은 항공기 외에도 훈련 및 군수지원 체계를 포함한 통합훈련체계가 동시에 개발되고 있다. 통합훈련체계에는 기본적인 비행이론, 기능, 임무 교육을 위한 교보재, 전자식 강의실, 각종 정비 및 비행훈련장비 등이 포함된다. 교보재 등 모든 교육과정은 컴퓨터를 활용함으로써 교육효과를 극대화할 수 있으며, 정비훈련장비는 엔진, 무장계통 등의 정비 특성, 절차를 훈련할 수 있도록 실제 시스템과 최대한 동일하게 구성될 것이다. 비행훈련장비의 하나인 비행 시뮬레이터(Flight Trainer)는 실제 항공기와 동일한 형상의 조종석과 영상/음향 시스템을 갖추고 있어, 조종사들이 지상에서 비행환경 및 항공기 운동특성을 익히고 실제 비행임무를 모의 연습할 수 있다.

5.3. T-50과 A-50의 차이점

- 고등훈련을 목적으로 하는 T-50과 전술임무훈련을 목적으로 하는 A-50은 경제적인 개발을 위해 최대한 동일한 기체를 공유하도록 설계되었다.

- T-50은 초등훈련을 마친 훈련생을 대상으로 편대비행, 계기비행, 공중전투기동, 항법비행 및 야간비행 등을 훈련하는 고등 제트훈련기이다. 따라서, 기총 및 레이더와 같이 전투와 관련된 장비는 장착되지 않는다. A-50과 공기역학적인 상시성을 유지하기 위해서 미사일 런쳐를 모사한 더미 런쳐를 장착한다.
- T-50은 훈련효과를 높이기 위해 뛰어난 기동성능과 항속성능 및 높은 출격률을 가지도록 설계되었다. A-50은 공중전투기동, 대지사격, 공중사격, 공중요격, 저고도항법 등의 전술능력과 고성능 비행훈련을 교육할 수 있는 전술입문 훈련기 겸 경공격기이다. 경공격기로서 A-50은 정확도를 향상시킨 기총 알고리즘과 첨단 디지털 항공전자장비를 장착해 근접 공중전투를 수행할 수 있으며, 단거리 및 가시거리 미사일을 장착해 공대공 임무를 수행할 수 있다. 또한 향상된 항법장비를 통해 F-16 수준의 정확한 무장투하가 가능하도록 설계되어 공대지 임무에서도 뛰어난 성능을 발휘할 것으로 예상되고 있다.

5.4. 기체구조

T/A-50 고등 훈련기 겸 경공격기의 기체구조는 전형적인 복좌형 단발 엔진 항공기 형상의 구조로 되어 있다. 다른 기종의 훈련기 또는 전투기와 쉽게 눈에 띄는 차이점으로는 동체 양 옆의 공기 흡입구, 전방동체 측선을 따라 주익과 연결된 스트레이크와 동체 윗면에 캐노피 형상에 맞게 유선형으로 연결된 페어링을 들 수 있다.

기체구조는 제작용이성 및 연료탱크의 위치를 고려하여 전방, 중앙, 후방동체, 주익, 미익 등의 생산 단위로 모듈화하여 설계/제작되었다. 각 부문별 독자적인 설계/제작이 가능하고 이후 개량에 대한 융통성을 증대시킬 수 있다.

T/A-50 고등훈련기 겸 경공격기의 기체 구조부재는 비용절감을 고려

하여 동일 소재를 최대한 사용하여 제작되었다. 대부분은 부식저항 및 피로특성이 뛰어난 최신 알루미늄 합금으로 구성되어 있다. 일부 고강도 및 내열성을 필요로 하는 부분에는 내식강(CRES)이나 티타늄 소재가 사용되었다.

주익, 조종면, 수직미익, 수평미익, 방향타 등의 외판은 최첨단 소재인 탄소섬유 복합재(CFC : Carbon Fiber Composite)로 구성되어 있다. 이는 복합소재의 중량비 강도 특성이 뛰어난 점을 활용하여 조종면 및 미익의 중량을 감소시키는 효과가 있다.

5.5. 주요 장비

1. 엔진(F404-GE-102)

T-50에 장착되는 엔진은 F/A-18 C/D에 장착되었던 F404-GE-402 터보팬엔진을 개조한 최대추력 17,700lbs의 F404-GE-102이다. 쌍발기에 사용되었던 엔진을 단발기인 T-50에 사용하기 위해 안정성을 향상시키고 엔진제어장치와 점화장치를 수정하여 제작되었다.

엔진제어를 위한 FADEC(Full Authority Digital Engine Control)을 이중채널로 구성하여 하나의 채널에 이상이 있을 시에 다른 채널로 엔진제어를 변환할 수 있게 하였으며, 여분의 점화장치를 장착하여 주 점화장치의 손상에 대비하였다.

[그림 2-1] T-50에 장착된 엔진

엔진의 Dry Weight는 2,282lbs이고 Wet Weight은 2,318lbs로서 추력대 중량비는 약 7.7로 동급엔진 중에서는 높은 편에 속하며, Specific Fuel Consumption(SFC=Fuel Flow/Thrust)는 1,726lbf/hr/lbs이다.

엔진의 노즐은 수축-발산형(Convergent-Divergent Type)으로서 항공기가 초음속으로 기동하기에 충분한 추력을 발생시킨다. F404-GE-102엔진은 기체의 항전장비 등을 냉각시키고 기체의 전자장비를 구동할 수 있는 전기를 공급할 수 있도록 설계되었다.

2. 조 종 실

T-50 조종실은 주 임무인 고등훈련과 전술입문훈련 그리고 전투임무 투입 시 조종사와 항공기의 인터페이스를 최적으로 구현함으로써 항공기의 위험도를 감소시키고 효율을 증가시킬 수 있도록 설계되었다. 특히, 고등과정 학생조종사를 훈련하기에 가장 효과적인 조종실 환경을 구성하기 위하여 다음과 같은 주요 요소들을 설계에 반영하였다.

- 후방석 시계향상을 위한 계단식 전후방석 형상구조
- 비행 및 임무기능의 중첩으로 각 조종석에서 비행 가능
- 훈련효과 극대화를 위한 조종간의 전후방석 연동

[그림 2-2] T-50 조종실 계기판

- 운용 편이성을 향상시키는 HOTAS(Hand On Thottle And Stick) 제어 기능
- 향상된 조류충돌 능력 및 우수한 광학특성을 지닌 캐노피 및 윈드 실드
- 두 대의 5×5인치 Color MFD를 포함한 첨단의 디지털 계기 장착
- 한국공군 및 미공군 조종사의 체형을 모두 수용할 수 있는 인간공학적 조종실 배치
- 정지상태에서부터 최대속도(600KTS)까지 안전사출이 가능한 탈출좌석

(1) 컬러 다기능시현기(Color Multi-Function Display)

CMFD는 5×5인치인 총천연색 평면 액정화면인 색 작동 매트릭스(Color Active Matrix) LCD로써 조종석 전면에 2개씩 배치되어 무기장착과 무장상태 정보, 레이더 탐색에 의한 표적정보, 항법정보 및 각 LRU의 고장정보 등을 제공해 준다.

좌우 독립, 전후 종속으로 운용되며, 후방석 우측 CMFD는 HUD 모니터로도 사용된다. 뛰어난 콘트라스트(Contrast)에 의해 낮이나 밤이나 선명하고 밝은 화면을 유지하며, 컬러를 가진 심벌을 전시함으로써 즉각적인 식별력을 높이고 있다. 예를 들어, 점멸되는 브레이크 X는 빨간색으로 현재 상황이 위험상황임을 알려준다.

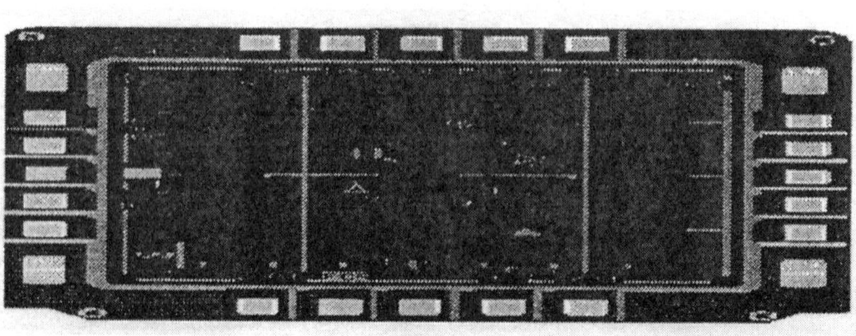

[그림 2-3] 컬러 다기능시현기

CMFD 주위를 둘러싸고 있는 20개 버튼은 소프트웨어로서 프로그래밍이 가능하며 각각의 페이지마다 다른 기능을 가지고 동작하므로 조종사는 이 버튼을 통해 원하는 정보를 입력하고 선택할 수 있다.

(2) 전방향시현기(Head-Up Display)

영국의 BAE가 개발한 사방 25° 시야각을 지닌 HUD는 조종사로 하여금 전방 캐노피 바깥의 실제상황을 보면서 동시에 각종 정보를 한눈에 식별할 수 있도록 한다. HUD에는 항공기 조종에 필수적인 고도, 속도, 자세 등 항법정보와 무장모드에 따라 표적조준을 위한 심벌 및 정보를 표시한다.

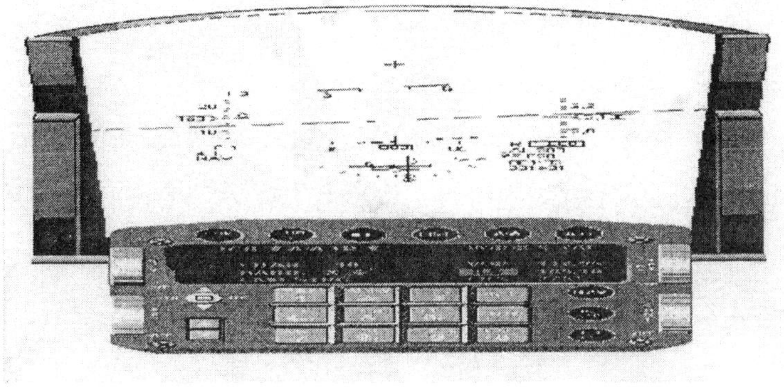

[그림 2-4] 전방향시현기

(3) 전방상향 조종기(Intergrated Up-Front Controls)

IUFC는 HUD 하단에 위치하여 조종사 전방향을 보는 상태에서 조작이 가능하도록 하였으며 통신, 항법 및 피아식별기능에 대한 자료입력 및 정보제공을 주목적으로 한다. 5×7 LED 픽셀로서 개개의 글자 및 심벌을 표시하며 1줄에 32개의 글자, 5줄이 시현되어 총 160개의 글자까지 보여줄 수 있다.

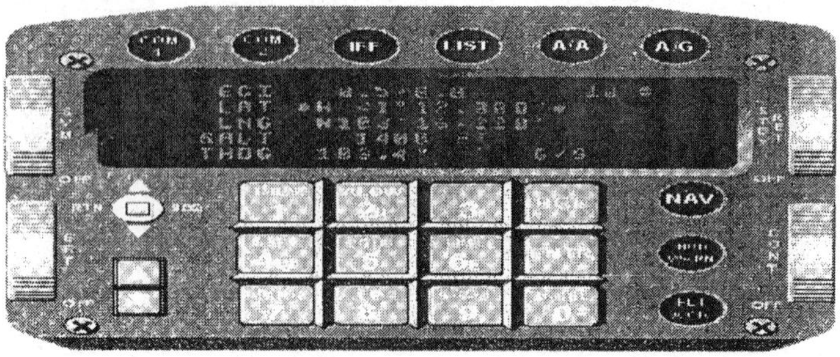

[그림 2-5] 전방상향 조종기

(4) EFI(Electronic Flight Instrument)

T-50에 장착된 비행기는 T-50 훈련기 및 격공격기용으로 개발된 고해상도의 전자시현 방식의 계기로써 전자식 자세 방향지시계(EADI : Electronic Attitude Director Indicator), 전자식 수평자세 지시계(EHSI : Electronic Horizontal Situation Indicator), 전자식 고도계(EAI : Electronic Altitude Indicator), 전자식 속도계(EMASI : Electronic Mach Airspeed Indicator)로 구성되어 있다.

EADI, EHSI, EAI, EMASI는 각각 독립적으로 시현되고, 필요시 조종사의 선택 혹은 1553 MUX Data의 상태에 따라 EADI/EHSI 및 EAI /EMASI 별로 통합시현이 가능하다. 각 계기들의 전자시현 정보 및 모드는 아래와 같다.

- EADI : ILS 및 항공기의 피치, 롤 정보 : NAV, ILS 모드
- EHSI : 수평자세정보(NAV, TCN, VOR) 모드
- EAI : 항공기고도정보(ALT 모드)

3. 항공전자 시스템

T/A-50 항공전자 시스템은 통합형 임무/시현 컴퓨터(IMDC : Integrated

Mission/Display Computer)를 중심으로 구성된다. IMDC는 2개의 MIL-STD-1553B 멀티플렉스 버스를 통제하며 비행제어 컴퓨터가 IMDC 고장 시 그 기능을 대신하도록 되어 있다. T/A-50 항공기의 운용능력은 다음과 같은 7가지 모드로 구분된다.

- 공중전
- 미사일 지정
- 공대공
- 공대지
- 항법
- 선택분리
- 비상분리

각각의 센서와 시현장비는 MUX 버스를 통하여 다른 구성품들과 통합되어 서로 간에 자료를 주고받는다.

통합형 임무/시현 컴퓨터 IMDC는 하나의 구성품(LRU) 내 여러 개의 컴퓨터 모듈이 구성되어 있는 중앙집중체계로서 무장투하 및 항법 시스템을 제어하는 컴퓨터 본연의 기능뿐만 아니라 전방시현장비나 다기능 시현장비(CMFD)의 심벌 생성 및 1553B 인터페이스 등의 기능들을 수행한다.

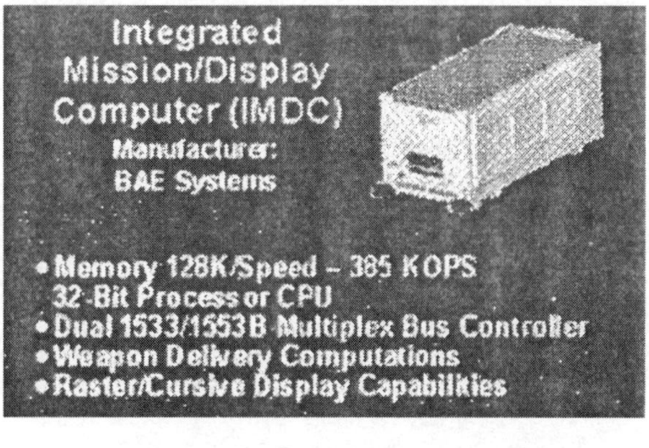

[그림 2-6] 통합형 임무/시현 컴퓨터

최신의 H/W 성능제약 조건 때문에 분산형 구조로 역할을 상호 분담하였던 F-16의 분산체계보다 비용 대 효과 면에서 뛰어나 간단한 계통개념으로 데이터 핸들링을 간단하게 할 뿐 아니라 성능개선을 보다 쉽게 수행할 수 있으며 장착공간, 무게와 전력소모를 최소화한다.

(1) 통 신

하나의 장비로서 UHF/VHF 통신을 할 수 있는 미국 레이시온사의 AN/ARC-232를 2대 장착하여 한 장비의 고장 시에도 통신기능이 저하되지 않도록 하고 있으며, 조종사의 업무를 경감하기 위하여 지상에서 임무별로 운용주파수 내용을 DTC(Data Transper Cartrige)에 담아 단순한 버튼 조작으로 항공전자 시스템을 가져올 수 있도록 하고 있다.

또한 전방상향 조정기(IUFC)를 통하여 항공전자 시스템 내에 저장되어 있는 주파수 정보를 시현하고, 필요시 수정할 수 있는 기능을 제공한다. IUFC는 IMDC 내에 저장된 소프트웨어에 의하여 통제되며 IMDC 고장 시에도 라디오의 통제가 가능하도록 라디오 제어 패널을 조종석에 장착하고 있다.

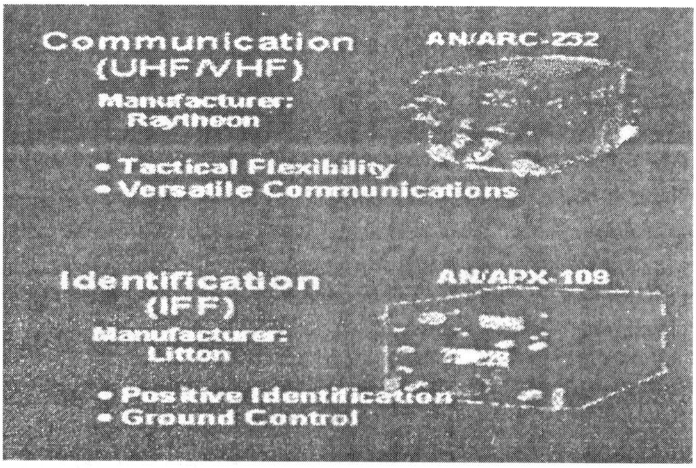

[그림 2-7] 인터컴 시스템

SCI사에서 개발한 인터컴(Intercom) 시스템은 전후방석 동일하게 장착되어 전후방석 간 통신 및 지상점검 시 지상요원과의 통신이 가능하며, AN/ARC-232를 통해 지상국 및 타 항공기와의 통신을 할 수 있다. 또한 각종 주의 및 경고에 관련된 음성을 조종사의 헤드셋을 통하여 들려줄 수 있는 음성 메시지 장치(Voice Message Unit)를 내장하고 있다.

(2) 피아식별

장비로는 AN/APX-101, AN/APX-109의 개발경험이 있는 노스럽-그루먼-리튼사의 신규 개발품 AN/APX-108(S)를 장착하여 기존의 모드 1, 2, 3, C, 4뿐만 아니라 항공교통관제를 강화한 모드 S가 운용 가능하며, 모든 모드가 IUFC를 통하여 통제된다.

IMDC 고장 시에는 Aux Comm Panel을 통하여 모드 4에 대한 통제가 가능토록 설계되어 있다.

(3) 항 법

항법정보를 제공하는 장비로는 하니웰사의 EGI(Embedded GPS/INS)가 있으며, 그라임사의 EFI(Electroinic Flight Instrument)에 그 정보가 시현된다. EGI는 위성항법장비와 관성항법장비가 통합된 장비로서 고 정밀도의 항법자료를 제공한다.

EFI는 3×3인치 LCD로서 기존의 기계적인 장비를 대체하였으며 수평현황계(EHSI : Horizontal Situation Indicator) 및 자세계(EADI : Attitude Direction Indicator), 고도계(EAI : Altitude Indicator) 및 속도계(EMASI : Mach and Speed Indicator)가 동일한 장비로서 항공기 운용/유지비용을 최소화할 수 있도록 하였다.

항법정보는 IMDC를 통하여 HUD와 CMFD에 시현된다. 또한 다른 항법정보를 제공하는 장비로서 전술항법장비(TACAN)와 VOR/ILS가 장착되어 있다.

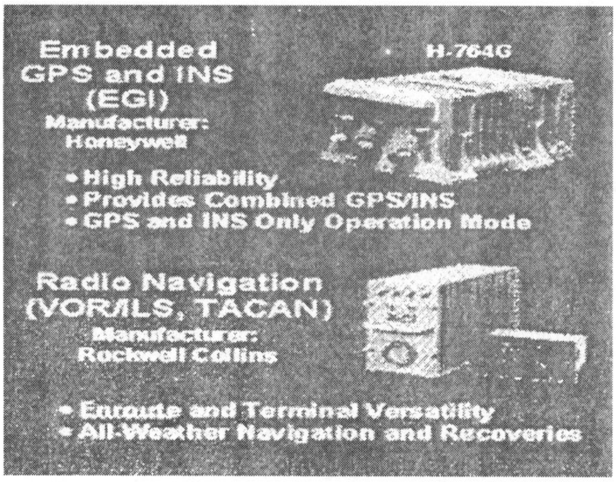

[그림 2-8] 전자항법장치

(4) 공대공 및 공대지 공격 모드

IMDC에서 각종 센서의 정보를 종합하여 공대공 및 공대지 무장 투하 정보를 계산하고 그 결과를 HUD 및 CMFD에 시현한다.

공대공 모드에는 스로틀에 있는 간단한 스위치의 조작으로 쉽게 모드를 변경할 수 있는 공중전 모드와 미사일 지정 모드가 있으며 IUFC에서 공대공 모드를 선택할 수 있다. 공중전 모드와 공대공 모드에서는 기총의 발사도 가능한데 LCOS, SNAP, SSLC 등의 서브모드가 제공된다.

공대지 모드에서는 선택된 무장에 따라 다양한 서브모드가 제공된다. AGM-65 매브릭을 위한 모드와 일반 자유낙하 폭탄을 투하할 수 있는 모드, 로켓 및 공대지 기총 발사를 위한 모드 등이 제공된다.

(5) 무장관리 시스템(SMS)

무장관리 시스템은 1553B를 통한 IMDC의 통제하에서 외부 장착물의 관리 및 투하를 담당한다. 장착 가능한 무장으로서는 MK-82 계열 등의 자유낙하폭탄, 로켓, 플레어(Flare), 20mm 기총, AGM-65 및 AIM-9 계열 등이다.

[그림 2-9] 무장관리 시스템

또한 IMDC 고장 시에도 자기방어를 할 수 있도록 무장관리 시스템이 AIM-9의 발사기능 및 비상분리기능을 독자적으로 수행할 수 있다.

(6) 레이더

APG-67 레이더(Radar)는 이미 노스럽의 F-20과 대만의 IDF 전투기에서 입증된 바와 같이 소형/경량임에도 불구하고 상당히 우수한 성능을 보여주고 있다.

이 레이더는 조종사의 임무 및 상황에 맞는 다양한 형태의 지형/표적 자료제공이 가능, 조종사로 하여금 신속한 판단을 내릴 수 있게 하여 적 표적에 대한 선제공격이 이루어질 수 있다.

탐지거리는 35nm이며 ±45°수평/수직 스캔 범위 내에서 목표물을 탐색한다. 공대공 상황하에서는 속도탐색 모드, 탐색 중 거리측정 모드, 공중전 모드, 다중표적 추적 모드 등이 있고, 공대지 상황에서는 64배의 고해상도 지도를 제공하는 도플러 빔 샤프닝(DBS) 방식 및 지상 이동목표의 지시추적을 위한 지상추적 모드 등을 지원한다. 빌딩 같은 큰 목표는 관성항법장치의 정밀도보다 높은 고정목표 추적(FTT) 모드를 사용, 정확한 거리, 크기 등을 파악한다.

[그림 2-10] 탐색제어 레이더

또한 공대공 AIM-9이나 공대지 AGM-65와 같은 정밀 유도무기와 연동하여 표적의 획득 및 추적이 가능하고, 향후 중장거리 공대공 유도탄(AMRAAM)과의 연동 및 고해상도 정밀 지형도 탐색(SAR) 기능의 추가 선택도 가능토록 하였다.

(7) 기 타

이러한 기본적인 장비 이외에도 조종사의 업무 경감을 위한 자료전송장치(Data Transper Equipment), 임무 디브리핑을 위한 AVTR(Airborne Video Tape Recorder), 항공기 구조 건전성을 위한 자료의 기록과 사고 분석자료 기록을 위한 VADR(Voice And Data Recorder) 등을 장착하여 조종사가 성공적으로 임무를 완수할 수 있도록 지원한다.

4. 산소공급장치

(1) 산소집중장치

액체산소(LOX)를 주 산소공급장치(Life Support System)로 사용하는 기존 항공기와 달리 T-50/A-50은 최신 항공기에 적용하는 OBOGS(On-Board

Oxygen Generating System)을 적용하고 있다. OBOGS는 조종사에게 필요한 산소를 산소집중장치(Oxygen Concentrator)를 이용하여 기내에서 직접 발생시키며, 기존 LOX 운용 시 요구되던 지상 지원장비가 불필요하게 됨에 따라 항공기 운용비용을 절감할 수 있고, 정비소요시간을 단축시킬 수 있는 이점이 있다.

(2) 호흡조절기 및 내성장치

호흡조절기(Breathing Regulator)는 항공기의 고고도 운용성능에 부합하기 위해 압력요구형(Pressure Demand Type)의 조절 방식을 적용하고 있다. 내성장치(Anti-G Valve)는 항공기의 급기동 시 조종사 혈루가 역류하여 정신을 잃는 것을 방지하기 위하여 적용되었으며 이를 통하여 6G 이상의 고기동을 가능하도록 한다. 또한 항공기가 4G 이상의 급기동 시 조종사가 원활하게 호흡할 수 있도록 호흡조절기와 내성장치를 연동하는 PBG(Pressure Breathing for G) 방식을 채택하였다.

(3) 비상산소공급장치

비상산소공급장치(Emergency Oxygen System)는 비상상황 발생 시 조종사에게 산소를 공급하는 장치이며, 조종석에 장착되어 있다. T-50/A-50 항공기의 비상산소공급장치는 항공기의 최대운용고도인 40,000ft(12,200m)에서 항공기의 안전운용고도인 10,000ft(3,048m) 이하까지, 최대 11.5분간의 산소를 공급할 수 있다.

기존 항공기들이 연속공급형(Continuous Flow Type)을 채용하여 조종사의 호흡의 불편함을 느끼게 했던 것에 비해 골든이글의 비상산소공급장치는 최신항공기의 개발추세에 맞게 고도에 따라, 조종사의 호흡량에 따라 산소공급량이 조절되는 압축안전형(Pressure Safe Type)의 산소공급장치를 채용하여 비상시 조종사가 호흡을 원활하게 할 수 있도록 하였다.

5. 환경제어장치

환경제어장치(ECS : Environment Control System)는 엔진 또는 APU (Auxiliary Power Unit, 보조동력장치)의 고온압축공기(Bleed Air)를 사용하여 조종실, 항전장비, 그리고 다른 시스템에 조화된 공기를 제공하는 기능을 한다. ECS의 주요 구성품은 1, 2차 열교환기, 압축기와 터빈(Air Cycle Machine), 리히터/콘덴서, 수분추출기(Water Extractor), 디지털 트롤러, 압력/온도/유량 제어 밸브 등으로 이루어져 있다.

T-50/A-50의 환경제어장치는 다음과 같은 주요한 기능이 있다.

- 조종실 온도, 유량, 수분 조절
- 항전장비 온도, 유량, 수분 조절
- 캐노피 얼음/서리/안개 제거

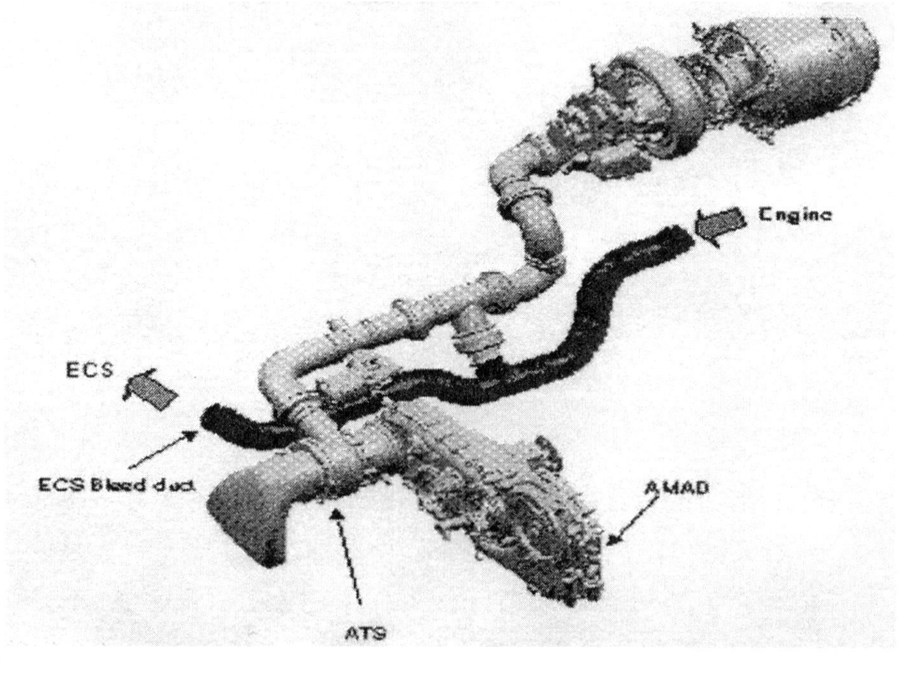

[그림 2-11] T-50(A-50)의 APU는 엔진을 보조하여 지상에서 환경제어장치(ECS)에 필요한 고온고압의 공기를 제공하는 부가기능을 가지고 있다.

• OBOGS(산소공급장치), 캐노피 실 가압, 지-슈트, 연료탱크 가압공기, 웨이브 가이드 가압을 위한 조화된 공기 제공
• 시스템 임계시험(BIT : System Built-in Test)

6. 이차동력계통

T-50/A-50의 이차동력계통(Secondary Power System)은 항공기의 안정성을 높이고, 지상 정비의 편의성을 알 수 있도록 설계되어 있다. T-50/A-50의 이차동력계통은 보조동력계통(APS : Auxiliary Power System)과 비상동력계통(EPS : Emergency Power System)으로 구성되어 있다.

APS는 지상장비의 도움 없이 항공기 엔진의 자체 시동을 가능하게 하며, 공중에서 엔진이 멈추었을 때도 재시동할 수 있는 기능을 제공한다. 엔진 손상 등의 이유로 재시동이 실패한 경우에도 항공기의 조종에 필수적인 유압펌프와 발전기를 구동시키는 동력을 지속적으로 공급함으로써 비상착륙을 시도할 수 있는 기회를 제공한다.

T-50/A-50에 사용된 APS는 F-16에 적용된 JFS(Jet Fuel Start)가 제공할 수 없는 다양한 기능을 갖고 있다. 항공기 정비에 필요한 동력을 자체 공급함으로써 지상정비에 요구되는 장비를 감소할 수 있는 이점을 제공한다. 아울러 엔진과 함께 지상에서 환경제어장치에 필요한 블리드 에어(Bleed Air)를 공급할 수 있다.

T-50/A-50의 EPS는 엔진정지 등 동력계통의 이상발생 시 신속하게 가동하여 APS가 작동할 때까지 항공기에 필요한 동력을 공급한다. 또한 공기의 밀도저하로 APS가 운용할 수 없는 20,000ft 이상의 고도에서도 동력을 공급할 수 있도록 자체 공기탱크를 장착하여 모든 유형의 비상사태에 대비하고 있다.

7. 연료계통

T-50의 연료계통은 연료 이송, 공기가압 및 배출, 연료량 측정, 외부 연료탱크, 급유 및 배출 장치로 구성되어 있으며, 초음속 항공기의 어떤 임무 상황에서도 엔진에 요구되는 100%의 연료량과 보조동력에서 요구되는 연료를 공급할 수 있도록 설계되어 있다. T-50에 적용된 기술로 기존의 훈련기와 차별화되는 기술에는 다음과 같은 항목들이 있다.

(1) 이중엔진 공급장치

이중엔진 공급장치(Dual Engine Feed System)는 엔진으로 공급되는 연료의 이송을 위하여 2개의 전기식 승압펌프(Boost Pump)와 1개의 유압식 균등 분배 펌프(Fuel Flow Proportioner)를 사용함으로써, 단일고장 및 이중고장 시에도 엔진에서 요구되는 연료량을 이송할 수 있도록 설계되어 있고, 균등 분배 펌프의 사용으로 항공기 무게중심을 유지하도록 되어 있다.

(2) 외부 연료탱크

T-50 연료계통은 150갤런 외부 연료탱크(External Fuel Tank)를 항공기 동체와 좌우익에 각각 1개씩 장착할 수 있도록 설계됨으로써 보다 확장된 비행시간과 임무수행 영역을 확보할 수 있다.

□ 불활성 기체 발생장치 장착 개념 도입

향후 A-50의 경공격기 개량형에 도입될 개념으로서, 불활성 기체 발생장치(On Board Inert Gas Generating System) 장착이 가능하도록 설계되어 있다. 이 장치를 통하여 현재 연료공급 가압원으로 사용되는 엔진 블리드 에어로부터 질소를 추출하여 가압원으로 사용되는데, 탱크 내의 기화연료로 폭발 및 화재를 억제함으로써 항공기의 생존성을 높이는 데 기여한다.

5.6. 무 장

T-50은 고등훈련기로서 무장능력이 없으며, 외부 연료탱크를 장착할 수 있다.

전술입문훈련기 및 경공격기인 A-50은 20mm 건과 AIM-9 미사일, 공대지 미사일 및 특수목적탄, 일반 폭탄류로 임무에 적절한 무장을 할 수가 있다. 미사일들은 WING TIP과 주익의 미사일 발사대에서 발사된다. 단거리 공대공미사일(AIM-9)은 주익 끝부분 AIM-9 전용 발사대에서 발사된다. 모든 파이론들은 SMS와의 데이터 신호 교환을 위한 링크를 내장하고 있다. 또한 A-50은 무기장착을 위하여 7개의 화기접점을 가지고 있으며, 양 날개 아래에 각 3개, 동체 아래에 1개가 위치한다.

1. 공대공 무기

(1) 기 총

GDAS(General Dynamics Armament System)가 개발한 3-Barrel, 20mm 개틀링 건을 좌측 스트레이크에 장착하고 있으며, A-50 항공기를 위해 개발된 건 시스템(Gun System)은 분당 3,000발을 발사할 수 있고, 총 205발의 실탄을 적재할 수 있다. 기존에 개발된 M61A2 기총을 개조하여 295lbs의 무게로 가볍고, 사용한 실탄을 다시 내부 탄약보관실로 보내는 순환 방식을 사용하여 신뢰도가 높다.

(2) AIM-9

초음속 공대공 미사일로서 표적 항공기 엔진에서 배출되는 적외선을 감지, 요격하며 미사일이 표적에 충돌하거나 부근을 지날 때 폭발하여 표적을 격추시키는 열추적 미사일이다(전장 287cm, 지름 12.7cm, 중량 87kg, 속도 M2.5, 최대사거리 7.1km).

2. 공대지 무기

A-50의 공대지 무장은 자유낙하폭탄, 레이저유도폭탄, 공대지 미사일, 확산탄, 로켓 등이 있다.

(1) 자유낙하폭탄

특정 유도장치 없이 항공기의 무장투하정확도에 따라 투하되는 폭탄이다. 비행시간 증가를 위해 폭탄 후방부에 핀 또는 낙하산 형태의 장비를 장착한 파생형이 있다.

500lbs, 1000, 2,000 자유낙하폭탄 장착이 가능하다.

(2) 레이저 유도폭탄

향후 A-50 개량형을 대비하여 자유낙하폭탄에 레이저에 의한 유도를 위한 센서 및 핀을 각각 폭탄 전방부와 후방부에 장착한 형태로서 MK-82를 변형한 GBU-12가 장착 가능하도록 설계되었다.

(3) 공대지 미사일

매브릭(AGM-65) 4발이 장착 가능하다. 매브릭은 표적으로부터 발산되는 열을 미사일 내의 센서가 감지하여 TV 화면을 통해 표적영상을 메모리한 후 추적 및 격추시킬 수 있는 수동 호밍 방식의 공대지 미사일로서 주/야간용으로 개발 운용되고 있다. TV 센서가 장착된 AGM-65A, AGM-65B와 IR 센서가 장착된 AGM-65D, AGM-65G가 운용 가능하다.

(4) 확산탄

대전차 및 장갑차량 파괴용 MK-20과 대량물자 파괴 및 밀집 작전지역 파괴용 CBU-58이 장착 가능하다.

(5) 로켓 디스펜서

로켓 디스펜서(Rocket Dispenser)는 대전차용 2.75in 로켓을 19발 탑재하는 LAU-3와 7발을 탑재하는 LAU-68 및 LAU-131이 장착 가능하다.

(6) 기 타

공대지 무장투하훈련을 위한 SUU-20, 공대공 미사일 발사훈련을 위한 목표물을 제공하는 TIX-3, 공대공 기총발사 훈련을 위한 표적을 견인하는 AGTS(Aerial Gunnery Target Set) 등이 장착 가능하다.

5.7. 형 상

T-50/A-50 골든이글의 형상은 다음과 같다.

[그림 2-12] T-50 골든이글의 위용

Chapter

3 현대의 항공기

제 1 절 일 반

1.1. 항공기의 정의

움직이는 것을 목적으로 하여 인간이 만든 물체를 총칭하여 운행체(Vehicle)라 하며, 활동영역이 대기권 내의 공중인 모든 운행체를 비행체(Air Vehicle)라고 한다. 비행체는 용도에 따라서 인간이나 화물을 반복하여 운반할 수 있는 조건이 구비된 것을 항공기라 하고, 한 번 그 임무를 수행하면 다시 사용하지 않는 목적으로 제작된 것을 비체(Air Missile)라 한다.

항공기에 대한 정의를 살펴보면 국제민간항공기구(ICAO : International Civil Aviation Organization)에서는 '공기의 반동에 의해 공중을 부양하는 모든 기기'로 정의하여 그 개념 중에는 비행기, 비행선, 기구 및 활공기를 포함하였고, 공기의 반동에 의하지 않고 대기 중에 뜰 수 있는 미사일, 로켓 및 인공위성 등은 항공기의 개념에서 제외하였다.

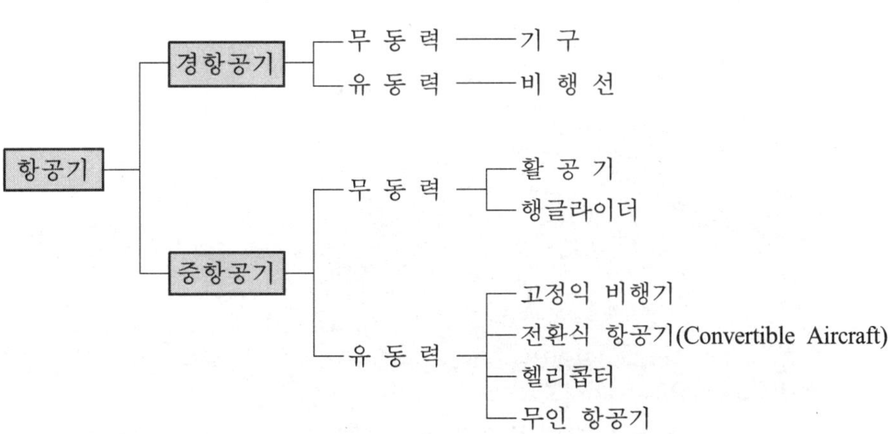

[그림 3-1] 항공기의 범위

또한 미 연방항공법에서는 '항공기란 현재 알려져 있고 금후 발명될 기계로서 공중의 항행 또는 비행을 위해 사용되는 것 및 그 목적을 위해 설계한 것'으로 광범위하게 그 개념을 정의하였다.

우리나라 항공법의 정의를 보면 '항공기라 함은 민간항공기에 사용하는 비행기, 비행선, 활공기, 회전익 항공기, 기타 대통령이 정하는 것으로서 항공에 사용할 수 있는 기기를 말한다'로 정의하고 있다.

1.2. 항공기의 분류

항공기는 일반적으로 형태별 또는 기능별로 구분하고 있으며, 무인기는 통상 임무별로 분류되고 있다.

1. 형태별 분류

첫째, 주익의 부착위치에 따른 분류로서 주익이 동체에 부착되는 높낮이에 따라, 저익형, 중익형 및 고익형으로 분류하는 방법이다. 항공기의 설계에는 안정성과 기동성이라는 상충되는 조건이 항상 따른다. 기동성이 요구되는 전투기 및 곡예기 등은 기동성을 중시하여 항공기의 무게중심이 위에 위치하도록 저익형을 채택하는 것이 일반적이다.

[그림 3-2] 대형 수송기 또는 여객기에는 고익형을 채택하여 안정성에 비중을 크게 두었다.

[그림 3-3] 안정성보다 기동성이 요구되는 전투기는 저익형으로 설계되었다.

그러나 안정성이 요구되는 수송기 및 여객기는 항공기의 무게중심이 가능한 한 낮게 위치하도록 고익형으로 설계한다.

둘째, 동체와 부착되는 주익의 각도에 따른 분류인데, 이 분류방법은 동체 중심선에 대한 날개 중심선이 교차되는 각도에 따라, 직선익, 후퇴익(Sweepback Wing), 전진익(Forward Swept Wing), 가변익(Variable Geometry) 및 특수한 형태로 삼각날개로 분류할 수 있다.

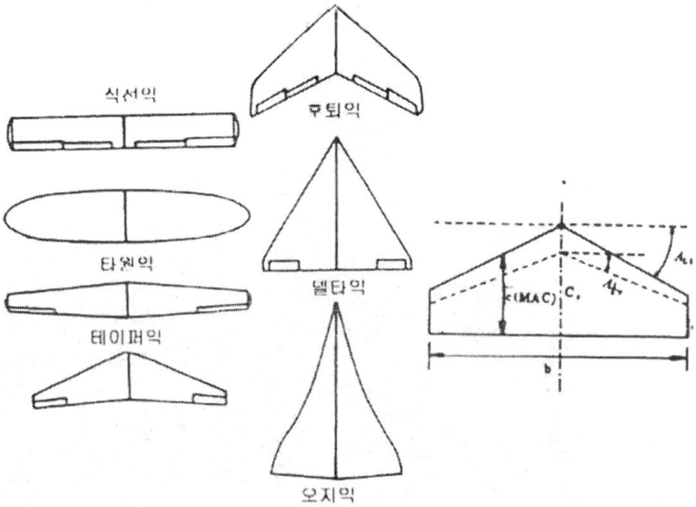

[그림 3-4] 각종 날개 모양과 날개의 명칭

2차 대전 종전 시까지는 대부분의 항공기가 직선익으로 설계되었으나, 1950년대 초음속기가 개발되면서 천음속 영역(마하 0.8～1.2)에서 주익에 후퇴각을 주는 것이 항력을 적게 하여 효율적이라는 것을 알게 되면서 고속항공기의 설계에 후퇴익을 적용하였다.

전진익은 저속에서 항공기가 실속 후에도 기동성을 유지하기 위한 형태로서 2차 대전 중 독일에 의해 최초로 시험되었으며, 현재는 미국에서 시험기를 제작하여 실용화 단계에 있다. 또한 가변익의 항공기는 항공기 속도변화에 따라 주익을 움직여 가장 적합한 후퇴각을 갖도록 설계한 형태로 영국의 토네이도(Tornado), 미국의 F-14/B-1, 구소련의 미그-23/27 등 고성능 항공기에 적용되고 있다.

셋째, 추진기관에 따른 분류로서 항공기에 부착되는 엔진의 종류에 따라 터보제트, 터보팬, 터보프롭, 터보샤프트, 왕복엔진 및 로터리 엔진 항공기로 분류되며 엔진 수에 따라 단발, 쌍발, 다발 항공기로 분류되기도 한다.

넷째, 이착륙 방법에 따른 분류로서 헬기와 같이 지상활주를 하지 않고 이착륙이 가능한 항공기를 수직 이착륙기(VTOL : Vertical Take-Off and Landing)라고 하는데, 근거리 운항 시 소요시간의 단축 및 소음해결 등 이점이 있으나 기체의 중량보다 큰 추력의 엔진이 요구되고 수직상승 후 수평비행으로 전환하기 위한 자동안전장치가 필요하게 되는 등 경제성 및 안정성에 문제가 있다.

[그림 3-5] 지상활주 없이 이착륙이 가능한 VTOL기

[그림 3-6] 수직 및 단거리 이착륙기인 V-22 Osprey

극히 짧은 활주거리로 이착륙이 가능한 항공기를 단거리 이착륙기(STOL : Short Take-Off And Landing)라 하는데, 통상 이륙 시 프로펠러 또는 제트 후류를 이용한 강력한 고양력장치가 필요하다. STOL 성능이 필요치 않고 일반 활주로에서 이착륙이 가능한 보통 항공기를 통상 이착륙기(CTOL : Convention Take-Off And Landing)라고 구분하여 부르기도 한다.

항공기는 사용 주체에 따라 민간용과 군사용 항공기로 크게 대별할 수 있는데 임무별 분류는 군사용 항공기만 취급하기로 한다.

2. 임무별 분류

군사용 항공기의 분류방법은 작전 목적에 따라 전략항공작전에 사용되는 전략항공기와 전술항공작전에 사용되는 전술항공기로 구분할 수 있으며, 용도에 따라 탑재된 화력을 사용하여 자체적으로 전투능력을 보유한 항공기를 전술기로, 자체화력은 없으나 전술기를 지원하는 지원기로 구분하기도 하나 임무에 따라 항공기를 분류하는 것이 가장 일반적이다.

2차 대전 시까지만 해도 임무에 따라 분류하는 데 별 어려움이 없었으나, 2차 대전 후 기술적으로 항공기의 발전이 급속히 이루어져 그 기능이 세분화되고 국가별 요구에 따라 그 기능이 통합되어 다목적화함으로써 분류방법이 다소 모호한 면이 없지 않다.

일반적으로 항공기를 임무별로 분류하면 전투기, 공격기, 폭격기, 정찰기, 전자전기, 관측 및 통제기, 수송기, 훈련기, 헬기 및 무인기로 크게 분류할 수 있다.

전투기(Air Combat Aircraft)는 자체무장으로 공대공 전투 또는 공대공/공대지 공격능력을 고루 갖춘 항공기를 총칭하는 개념이다. 전투기에는 공대공 요격 및 폭격기 엄호를 주 임무로 하는 공중우세기(Air Superiority Fighter)와 필요시 작전환경의 요구에 따라 공대공 전투나 공대지 공격 등의 임무를 다양하게 수행할 수 있는 다목적 전투기(MRF : Multi-Role Fighter)가 있다.

그리고 공격기(Attack Aircraft)는 전장항공차단(BAI : Battlefield Air Interdiction), 근접항공지원작전(CAS : Close Air Support) 임무 등을 수행하며, 폭격기는 주로 후방차단(Interdiction)을 비롯한 전략, 전술폭격을 주 임무로 하는 항공기를 말한다.

[그림 3-7] 현대의 전투기는 상황에 따라 다양한 임무를 수행하는 다목적기가 주종을 이룬다.

[그림 3-8] 한국 최초의 조기경보기 E-737

전자전기(Electronic Warfare)는, 적 징후 조기경보 및 공중 항공통제용의 조기경보 및 통제기(AEW & C : Airborne Early Warning & Control)와 적 레이더 및 통신을 교란하는 것을 주 임무로 하는 전자교란기(Electronic Jamming)를 포함하며, 적 지대공 미사일 등 대공무기를 파괴하거나 무력화시키기 위한 대공제압기(SEAD : Suppression of Enemy Air Defence)를 포함하는 포괄적인 개념으로 쓰인다.

[그림 3-9] 무인기는 현대전에서 그 영역을 점차 넓혀가고 있다.

무인기(UAV : Unmanned Aerial Vehicle)는 사람이 탑승하지 않고 항로를 변경하면서 지정된 경로를 비행하는 모든 비행체를 총칭하는 개념으로서 지상 또는 공중으로부터 원격에 의해 항로를 변경하면서 비행하는 RPV(Remotely Piloted Vehicle), 비행체 내에 장치된 자동조종장치에 의해 사전 프로그램 된 항로를 따라 비행하는 순항 미사일 등이 포함된다.

항공기의 임무에 따른 분류를 간략히 소개하면 다음과 같다.

<표 3-1> 임무별 분류

1차 분류	2차 분류	3차 분류	임 무	예
항공기	전투기	공중우세기	· 공대공 전투	F-14 F-15 MiG-29
		다목적 전투기	· 공대공 전투 및 공대지공격	토네이도 F-16/18
	폭격기		· 전술 및 전략 폭격	B-1 B-52 TU-22
	대지공격기		· 후방차단 · 전장차단(BAI) · 근접지원(CAS)	A-10 F-117 Su-25
	전자전기	조기경보기 (AEQ & C)	· 조기경보 및 통제	E-2 E-3
		전자교란기	· 적 레이더 및 통신 교란	EA-6B EF-111B
		대공제압기 (SEAD)	· 적 대공무기 제압	토네이도 ECR F-4G
	정찰기		· 광학 및 전자정찰	J-STARS TR-1
	관측 및 통제		· 전장감시 · 전방항공통제 (FAC)	OA-10 OV-10
	해상초계기		· 해상 감시 및 통제	애틀랜티크-2 P-3C

1차 분류	2차 분류	3차 분류	임 무	예
항공기	수송기		· 병력 및 장비수송	C-17 C-130/141
	훈련기		· 조종사 훈련	HAWK Alpha-Jet
	헬 기		· 수송, 공격, 구조 및 관측용 다목적 기능	Mi 4 UH 60 AH - 64
	무인기	정찰/목표탐지용	· 광학 및 전자정찰	Pioner Phoenix
		정보/전자전용	· 통신정보 및 영상정찰 · ECM 및 기상자료 수집	JIN DIVIX
		표적/기만용	· 훈련용 모의표적 · 적 미사일의 기만표적	MOQ-107A 스키트
		공중 공격용	· 적 방공망 교란 및 레이더 파괴	브레이브 3000 TALD 하피

제 2 절 항공기 명명법

2.1. 개 요

일반적으로 항공기에는 혼동을 피하기 위하여 문자와 숫자로 구성된 고유명칭(Proper Name)과 통상명칭(Popular Name 혹은 Nick Name)이 부여된다. 항공기의 통상명칭이 기억하기에 가장 쉬운 방법이지만 통상명칭이 부여되지 않거나 제작 시 통상명칭이 부여되기 전에 기종에 따라

고유명칭이 부여됨으로써 많은 국가에서 제작사에서 설계 시 부여한 고유명칭만을 쓰거나 고유명칭과 통상명칭을 동시 사용하기도 한다. 민간 항공기에서는 일반적으로 제작사의 설계번호로 구분하고 있다.

㈎ 군 용 기 : F-4E 팬텀 II
- F-4E ↓ 고유명칭
- 팬텀 II ↓ 통상명칭

민간항공기 : 보잉 727
- 보잉 ↓ 제작사
- 727 ↓ 설계번호

2.2. 명 명 법

일반적으로 항공기 명명법은 미국식, 구소련식, 영국식 및 캐나다식의 4개가 주로 사용되고 있으나 여기에서는 일반적으로 가장 많이 통용되는 미국식과 소련식 위주로 설명하기로 한다.

1. 미국식 명명법

X R F - 5 A

- A : 개량부호 ——— 'A'는 F-5 중 첫 번째 개량형임을 의미
- 5 : 일련번호 ——— '5'는 기본임무별 항공기 채택순서를 의미
- F : 기본임무 부호 — 'F'는 기본임무가 전투기임을 의미
- R : 개량임무 부호 — 'R'는 정찰용임을 의미
- X : 현상부호 ——— 'X'는 시험기를 나타냄

현상부호는 항공기의 기본임무가 아니라 현 상태를 나타내는 부호임을 말한다.

G : 비행은 하지 못하며 지상 시험용(Permanently Ground)

J : 특수시험을 위해 잠정적으로 임무에서 제외된 항공기(Special Test Temporally)

N : 특수시험을 위해 영구적으로 임무에서 제외된 항공기(Special Test Permanent)

X : 연구목적의 시험기(Experimental)

Y : 시제기(Proto Type)

Z : 퇴역항공기

기본임무 부호는 항공기의 1차적인 임무를 나타낸다.

A(Attck) …………………………………… 공격기
B(Bomber) ……………………………… 폭격기
C(Cargo/Transport) …………………… 수송기
E(Special Electronic) ………………… 특수 전자전기
F(Fighter) ……………………………… 전투기
FB(Fighter/Bomber) …………………… 전폭기
H(Helicopter) …………………………… 헬기
K(Tanker) ……………………………… 급유기
O(Observation) ………………………… 관측기
P(Patrol) ………………………………… 초계기
R(Reconnaissance) …………………… 정찰기
S(Anti-submarine Airplane) ………… 대잠기
SR(Strategic Reconnaissance) ……… 전략 정찰기
T(Trainer) ……………………………… 훈련기
U(Utility) ………………………………… 다용도기
V(VTOL or STOL) …………………… 수직 또는 단거리 이착륙기

개량임무 부호는 항공기의 내부 또는 외부장치의 일부를 개조하여 기

본임무와 상이한 임무 또는 추가로 임무가 부여된 경우 쓰이는 부호로서 기본임무 부호 앞에 붙는다.

A(Attack) ………………………… 공격
C(Cargo) ………………………… 수송
D(Directo) ………………………… 무인항공기 통제
E(Special Electronics) ………… 특수 전자장비 장착
H(Search & Rescue) …………… 탐색 및 구조
K(Tanker) ………………………… 급유
L(Cold Weather) ………………… 한랭지용
M(Miscellaneous) ……………… 잡용(잡다한 용도)
O(Observation) ………………… 관측
Q(Drone) ………………………… 무인기
R(Reconnaissance) …………… 정찰

구소련은 항공기를 설계하는 항공국이 여러 개 있는데, 특정인의 이름을 따서 명명한 것이 많다. 그들은 개인의 업적을 추앙하기 위해 설계국 이름으로 항공기 명칭을 부여하여 구분하고 있다.

군용기들은 비밀로 구분되어 충분히 공개되지 않아 일부만이 확인되고 있다. 이를 이유로 NATO에서는 연합작전의 편의를 도모하기 위해 구소련 항공기에 대해 특정한 명칭을 부여하여 왔으며, 이 NATO명이 널리 쓰이게 되었다.

MiG - 21 F - 13 Fishbed

- NATO명 ——— 'Fishbed'의 'F'는 전투기를 의미
- 수출국 번호 —— '13'은 인도를 나타낸다.
- 개량부호 ——— MiG 21의 여섯 번째 개량형
- 일련번호 ——— 홀수는 전투기, 짝수는 폭격기 · 수송기
- 설계자 두문자 — Mikoyan & Gurevich

설계자 두문자를 이용한 구소련의 항공기 명명법은 개인을 영웅화시키기 위해 설계국의 수석 연구자 개인의 이름을 사용했다.

AN : Antonov	BE : Beriev	IL : Ilyushin	KA : Kamov
LI : Iisunov	LA : Lavochkin		MI : Mil
MiG : Mikoyan & Gurevich		MYA : Myasishchev	
PO : Polikarpov	SU : Sukoi	TU : Tupolev	YAK : Yakovlev

• 일련번호 : 대체적으로 전투기에는 홀수, 폭격기 및 수송기에는 짝수를 사용한다.

㉯ MiG-21, 23, 27, 29, 31　TU-22, 26

NATO(북대서양 조약기구) 명이란 구소련 군용기의 정식명칭이 자세히 알려지지 않아 나토에서 명명한 것으로서, 단어의 첫 문자가 기본임무를 암시한다. 제트기는 복음절의 단어로 구성되며, 프로펠러 항공기는 단음절로 구성된다.

B(Bomber) ………………	폭격기
C(Cargo) ………………	수송기
F(Fighter/Ground Attack) ………	전투기/공격기
H(Helicopter) ………………	헬기
M(Miscellaneous) ………………	훈련기, 해상정찰기, 전자전기 및 기타 항공기

개량부호는 설계자 두문자 앞이나, 일련번호 뒤에 쓰이며 개량된 임무를 의미한다. 하나의 부호가 여러 가지 의미로 쓰일 경우도 있어 해결이 곤란하여 일반적으로 다음과 같이 쓰인다.

B ………………	전투폭격기
D ………………	장거리형

F …………………………………… 추진장치 강화형
M …………………………………… 개조형
P …………………………………… 전천후 요격기 / 여객형 / 소화활동형 / 곡예비행형
R …………………………………… 정찰형
T …………………………………… 수송형
U …………………………………… 훈련형
V …………………………………… 수상용 수송기

제 3 절 현대 항공기 개발

3.1. 초음속 군용기

제2차 세계대전이 종료된 이후에도 강대국들은 비행기에 대한 연구를 지속으로 진행하여 초음속 군용기 비행시대가 열리게 되었다.

1947년, 미국의 예거(Yeager, Chalse)는 벨 X-1기로 초음속 돌파 비행을 성공한다. 이 초음속기는 로켓 기관을 장착하였으나, B-29 폭격기에 실려서 상승한 다음 폭격기와 분리되어 초음속 비행에 성공한 실험용 비행기였다.

세계 최초로 음속돌파 비행을 한 사람은 1953년 미 공군의 에버리스트(Everest, F. K) 중령이다. 그는 F-100 전투기로 마하 1.06의 속도로 비행하였는데, 이것이 제트비행기에 의한 최초의 초음속 비행이었다.

냉전시대에 미국과 소련의 군비경쟁에서 승리하기 위해 경쟁적으로

군용기를 개발하였다. 고출력 기관이 개발되면서 군용기는 속도뿐만 아니라 항속거리, 무장탑재 능력 등 뛰어난 성능을 갖추게 되었다. 또 고도로 발전된 전자기술이 응용되어 전천후 작전능력을 갖추었으며, 요격과 폭격 등 여러 가지 임무를 동시에 수행할 수 있게 되었다. 이러한 기술적 발전에 힘입어 다기능, 다목적 전천후 전투기가 개발되었으며, 대량파괴와 대량살상이 가능한 전략 폭격기가 개발되어 전쟁 억제력으로 사용되었다.

전투기 중에서 그 성능을 인정받아 실전에 배치된 성능이 우수한 비행기로는 미국의 F-4, F-14, F-15, F-16, F-18, F-20 등이 있다.

F-4 팬텀기는 월남전의 미그 킬러로 명성을 날렸으며, F-14 톰캣 전투기는 항공모함 탑재 해군기의 주력기로 활약하고 있다. F-15 이글 전투기는 전천후 전폭기로 막강한 화력을 가지고 있으며, F-15K는 우리나라에서 다수의 항공산업 협력업체가 생산에 참여한 가운데 직구매로 1차적으로 50여 대를 전력화할 예정이다. F-16 펠콘은 기동성이 뛰어난 요격기로 우리나라에서 자체생산(면허생산)하여 공군의 주력기로 배치되어 있다. 러시아의 미그(MiG), 수호이-27/37 시리즈 및 프랑스의 미라주(Mirage), 스웨덴의 비겐(Viggen) 계열의 비행기도 우수한 전투기로 활약하고 있다.

중 · 장거리 전략 폭격기는 공중 급유를 받지 않고도 임무완료 후 모기지로 귀환이 가능한 10,000km 이상의 항속거리를 가지고 있으며, 핵공격도 가능하게 되었다. 대표적인 전략폭격기는 미국의 B-52, B-1, 러시아의 TU-95/백파이어(Backfire) 등으로서, B-1 폭격기는 음속의 2배로 비행이 가능하다.

정찰기는 전투기와 폭격기 중에서 속도와 순항고도가 우수한 기종을 개조하여 사용하는 것이 일반적이다. 미국의 SR-71(美)은 고도 30km 이상에서 마하 3.0 이상의 속도로 비행하면서 정찰활동이 가능하다.

러시아의 미그-25는 마하 3의 속도로 비행할 수 있는 전투기이나 정찰기로도 활용되고 있다.

3.2. 대형 민간수송기

본격적인 제트기시대는 미국 보잉사의 독자적인 제트여객기 개발에서 시작되었다. 1954년, B707 여객기가 승객 100명을 태우고 대서양을 횡단한 후, 1958년 더글러스 DC-8이 운항을 시작하였다. 구소련에서는 1955년 TU-104가 처음 운항하였으며, 프랑스에서는 1959년에 카라벨이 제트여객기 수송시대를 열었다.

1950년대에 개발된 여객기들은 터보제트 기관을 장착하였기 때문에 1세대 여객기라 불린다. 높은 고도를 비행하는 여객기에 사용되는 터보제트 기관은 천음속에서 초음속까지의 비행속도에서는 효율이 좋으나, 천음속 이하에서 추진효율이 떨어지고, 연료소비율이 증가되며, 배기소음이 매우 큰 결점을 가지고 있다.

1960년대 들어, 터보제트 기관의 결점을 보완한 터보팬 기관이 개발되었다. 이것을 2세대 여객기라 하며 B-727, DC-9, B-737 여객기가 이에 해당되며 새로 개발된 터보팬 기관의 특성을 살려 연료소비율을 감소시키고 경제성을 높였다.

1970년대 들어와 초대형 여객기인 B747이 개발되어 취항하기 시작하였으며, 길이가 70m이고 높이가 20m이며 총무게가 351톤으로 400명 이상의 승객이 탑승할 수 있다. B747에 장착된 기관은 미국의 플랫 앤드 휘트니(P&W)사에서 만든 터보팬 기관으로 출력이 매우 크고 대형이나, 연료소비율과 소음은 상대적으로 적다. 이 시대에 나온 여객기로는 더글러스사의 DC-10, 유럽에서 공동개발한 A-300, 구소련의 IL-86 등이 있다. DC-10은 넓은 폭의 동체와 3개의 기관을 장착하여, 장거리뿐만 아니라 단거리 운송에도 활용성이 좋도록 설계되었다. 유럽에서는 2개의 기관이 장착된 A-300B가 개발되었으며, 이 여객기는 230명의 승객이 탑승할 수 있다. 이 여객기는 영국, 프랑스, 독일의 합작회사인 에어버스사에서 제작되었으며, 점보기에 비해 크기는 작지만 단거리용으로서 세계시장에서 그 실용성을 인정받았다.

[그림 3-10] 대형 민간항공기 보잉 747

1980년대에서 1990년대 초에는 200명 정도의 승객이 탑승할 수 있는 B757, 767, 777기가 개발되었으며, B767기와 777기는 수송량과 항속거리를 더 증가시켰다.

1990년 후반에서 2000년 초까지 더욱 강력한 슈퍼엔진인 프롭 팬(Prop Fan) 기관이 개발되면서, 2000년 후반에는 미국의 B787, 유럽 4개국 합작인 A350 및 A380기가 속속 개발되었다. 2007년, 제47회 파리 에어쇼에서는 민간항공기 시장의 빅2인 미국의 보잉과 에어버스가 불붙는 치열한 수주경쟁을 벌이는 가운데 전투기 제작회사로 유명한 러시아의 수호이사가 '슈퍼제트-100'을 야심작으로 출품함으로써 마침내 러시아도 세계 민항기 시장에 뛰어들게 된 것이다.

초음속 여객기는 1950년대 말부터 영국, 프랑스, 구소련, 미국 등이 경쟁하며 연구개발하기 시작했다. 그중에서 영국과 프랑스가 협력하여 개발한 여객기가 "서로 협력한다"는 뜻을 가진 콩코드기로서 1969년에 첫 비행을 하고, 1976년에 정기항로에 취항하였다. 그러나 항속거리가 짧고, 연료소비율이 높아, 경제성이 낮다는 문제점 외에도 소음, 공해 등으로 인해 2003년 12월 26일 마지막 퇴역비행을 실시하였다.

구소련은 TU-144를 개발하였고 미국은 개발계획을 가지고 있었으나, 기술적 문제와 환경문제로 실행되지 못하였다.

3.3. 헬리콥터

오늘날 헬기는 군사적으로 매우 유용하게 이용되고 있다. 고정익 항공기에 비해 헬기의 가장 큰 이점은 활주로와 기타 이착륙 시설이 없어도 원하는 장소에 자유롭게 이착륙할 수 있다는 것이다. 헬기는 수직 이착륙 성능뿐만 아니라 특정 지점에서의 공중정지(Hovering), 공중에서의 후진과 측방향 이동 등 기존 항공기와 비교하여 공중에서의 이동이 매우 자유롭다.

실용 군용기로서의 헬기는 원하는 특정 지점으로의 병력 및 무기 등 화물수송, 실종된 조종사 탐색 및 구조, 전차를 포함한 지상군에 대한 공격과 정찰, 해상 및 육상에서의 연락임무, 대 잠수함 및 함정 공격뿐만 아니라, 심지어 공대공 전투에 이르기까지 실로 다양한 작전영역에서 운용되고 있다.

2000년 전 중국에서 팽이의 몸체에 날개를 부착하여 이것을 손으로 회전시킴으로써 수직으로 상승시킨 기록이 남아 있으며, 1490년경 레오나르도 다빈치는 자신의 간행물에서 "나사형 추진기를 가진 기계가 정밀하게 만들어지고, 이 추진기의 날개를 고속으로 회전시킬 수 있다면 우리들은 이 날개에 의해 하늘 높이 날 수 있을 것이다"라고 하였다. 이것은 헬리콥터의 비행원리를 체계적이고 구체적으로 표현한 최초의 연구내용이라 할 수 있다.

1796년 영국의 케일리(Sir Geroge Cayley)는 증기기관을 장착한 네 개의 깃으로 된 로터(Roter)를 부착한 양쪽 회전날개의 모형 헬리콥터를 제작하여 27m 높이까지 상승시켰다고 한다. 그러나 이것은 헬리콥터의 비행 가능성만 보여 준 것이며, 실질적인 헬리콥터 연구는 1900년대 초에 시작되었다.

1907년에는 프랑스의 코르뉘(Cornu, Paul)는 2개의 회전날개로 구성된 동축 회전날개에 24마력짜리 기관을 장착, 조종하여 지면으로부터 6ft까지 수직으로 상승하는 데 성공함으로써 회전익 항공기의 실용 가능성을 확인하였다. 이것은 오토자이로(Auto Gyro)의 일종이라 볼 수 있다. 오토자이로는 날개를 회전시키는 동력이 없기 때문에, 활공기처럼 전진비행을 해야만 날개가 회전한다. 따라서 오토자이로는 헬리콥터처럼 공중에 정지할 수 없으나 짧은 거리에서 이착륙이 가능하고, 저속으로 비행할 수 있다. 이 오토자이로의 회전 이론은 헬리콥터의 발달에 많은 공헌을 하였다.

1917년, 헬리콥터의 아버지의 아버지라고 불리는 시콜스키(Sikorsky)는 단일 회전날개식 헬리콥터를 제작 실험하였으나, 기관의 출력 부족으로 실패하였다. 이전까지 헬리콥터가 개발되지 못한 가장 큰 원인은 가벼우면서 큰 출력의 기관을 개발하지 못했기 때문이다. 1930년, 러시아에서 미국으로 건너간 시콜스키는 1939년에 시콜스키 VS-300이란 헬리콥터를 만들었다. 이것은 꼬리 회전날개가 장착된 최초의 헬리콥터로서, 이때부터 헬리콥터가 실용화되었다. 그 후 VS-300을 개량한 헬리콥터가 2차 대전 종전 시까지 전 세계적으로 광범위하게 사용되었다. 헬리콥터는 적지에서 조종사를 구출하고, 저공정찰 및 장비수송을 하는 등 여러 가지 임무를 효과적으로 수행하였다. 이로써 헬리콥터의 이용은 한층 높아졌다.

미국의 벨사에서는 1941년 헬기 개발에 착수하여 1943년에 Bell-30 형이 완성되었으며, 이것은 2차 대전 후에 민간용으로 개량되어 양산되었다.

1950년 6월의 한국전쟁은 군용헬기의 유용성에 대한 시험장이 되었으며, 1950년대 말 터보프롭 엔진이 헬기에 채용됨으로써 기체는 더욱 소형 경량화 되었고, 화물적재 및 항속 능력이 향상되어 헬기는 더욱 매력적인 군용장비로서의 위치를 확보하게 되었다. 그 후 널리 사용된 것은 Bell-47 헬리콥터다. 현재 시콜스키형 헬리콥터는 미해군에서, 벨형은 미 육군에서 주로 사용되며, 우리나라에서는 두 가지 형이 다 사용되고 있다.

1982년 레바논에서의 이스라엘과 시리아의 분쟁 이후 중동의 환경에 적합한 대 장갑무기를 장착한 헬기의 개발이 촉진되었다. 특히 고출력의 터보샤프트 기관이 장착되고, 조종성과 안정성이 향상된 헬리콥터는 기존 전투기의 역할도 대신할 수 있게 되었다. 최근에 맥도널 더글러스에서 제작된 공격용 헬리콥터 AH64 아파치 헬기와 시콜스키형 UH-60은 기동성과 무장탑재 능력이 탁월해 미 육군의 주력 헬기가 되었다.

향후 군용 헬기는 조기경보, 탐색 및 구조, 대잠 대전차 공격 및 지상군 지원 등 다양한 작전요구에 부응하기 위한 기술적인 진보가 계속될 것이다. 회전익과 기체 형상에 관한 공기역학적인 이론의 진보와 기체의 복합소재 채용 확대 및 항공전자장비의 혁신적인 개발에 따라 기체는 소형 경량화되고, 속도 및 안정성은 향상될 것이며 공격능력도 대폭 증대될 것이다.

[그림 3-11] AH-64 아파치 공격헬기(미국)

[그림 3-12] MI-24 하인드 공격헬기(러시아)

3.4. 미래의 항공기 개발

미래의 항공기 기술이란, 현재로부터 약 20~30년 뒤에 실용화될 수 있는 기술을 말하는데, 그것은 현재 연구, 개발되고 있는 항공기는 20년 뒤에나 실용화될 수 있다는 것을 의미한다. 따라서 1980년 후반에 출현하기 시작한 F-14, F-15, F-16, F-18, F-20, 비겐(Viggen) 토네이도 같은 전투기들은 21세기 초인 현재 사용되고 있거나, 계속 개량된 후속기 개발에 주력하고 있는 것이다.

미래의 항공기는 항공기의 재료, 항공역학적 설계, 동력추진장치, 항공전자장치 등에서 혁신적인 변화가 있을 것이다. 예를 들면, 항공기 재료에서 1980년대에 생산된 항공기들은 비금속 복합재료가 전체의 1/4 정도였으나, 1990년대에는 전체의 1/2로 증가되었으며, 오늘날에는 2/3를 차지하고 있다. 미래의 항공기는 강도와 내열성이 우수한 기체와 기관을 만들기 위해 새로운 복합재료를 연구, 개발하여 응용할 것이며, 레이더의 반사특성을 낮출 수 있는 재료를 광범위하게 사용할 것이다.

1. 뒤젖힘(후퇴익) 날개 비행기

뒤젖힘 날개가 장착된 초음속 비행기는 어느 정도 보편화되어 있다. 그러나 후퇴각을 너무 주면 날개 뿌리부분은 문제가 되지 않으나, 날개 끝부분의 강도가 너무 약해져 비틀림이 일어난다. 따라서 후퇴각을 크게 할 때에는 날개와 동체 사이의 공간을 메워 구조를 보강하고, 그 공간을 연료탱크로 이용하는데, 이것이 삼각날개 비행기이다. 뒤젖힘 날개 비행기로는 이중델타날개(트라젠 M=2.0), 오지날개(콩코드 M=2.2), 델타날개(록히드 M=3.0) 등이 있다.

비행기가 공중을 날 때에 비행기의 항력은 비행속도의 제곱에 비례한다. 따라서 기체의 모양을 날씬하게 하면 항력이 줄어들어 기관의 출력을 높이지 않아도 된다.

기체의 항력은 날개와 동체의 연결부분에서 가장 크게 나타나는데, 이 부분을 유선형으로 만들기 위해 동체 모양을 홀쭉하게 만들어 동체의 저항을 줄였다. 이러한 모양에 의해 YF-102는 음속돌파가 가능하였다.

최근에는 날개와 동체의 접합부분을 완만하게 이어지도록 하여 항력을 더욱 작게 만들었다. 이와 같이 날개와 동체를 완만하게 연결시킨 구조를 블렌디드 윙 보디(Blended Wing Body)라 한다. 이것은 레이더의 반사특성을 감소시키는 데에도 커다란 효과가 있다. 이와 같은 날개를 장착한 비행기는 A-12, SR-71, B-1, F-16 등이 있다.

2. 앞날개와 곁날개 비행기

최근에 나온 전투기들은 작은 앞날개와 기다란 곁날개를 가지고 있다. 앞날개는 날개 앞쪽에 장착된 또 하나의 작은 날개를 말하며, 커나드(Canard)라고 한다. 이것은 일반 삼각날개 비행기의 결점을 보완해 주는 역할을 한다. 즉, 고속비행에서는 양력을 발생시켜 기수가 내려가는 것을 막아 주며, 저속비행이나 이착륙을 할 때에는 공기의 흐름을 안정시켜 준다.

이것은 1960년대 후반 스웨덴에서 개발된 비겐 전투기에 처음으로 사용되었다. 이 전투기는 일반도로에서 이착륙이 가능할 정도로 뛰어난 단거리 이착륙(STOL : Short Take Off Landing) 특성을 가지고 있으며, 마하 2의 고속비행이 가능하다.

곁날개는 동체의 앞부분에서 시작하여 날개의 앞전으로 이어진 폭이 작고 기다란 날개이다. 이 곁날개를 스트레이크(Strake)라 하는데, F-16 전투기에 처음 채택되었다. 이것은 동체 앞부분의 양력을 증가시키는 반면, 공기저항은 감소시키는 역할을 한다. 또, 큰 받음각에서 강력한 와류를 발생시켜 실속을 방지하기 때문에 우수한 조종 성능을 유지하고 안정된 비행을 할 수 있다.

3. 앞젖힘 날개 비행기

앞젖힘 날개(Forward Wing) 비행기는 동일한 형태의 뒤젖힘 날개 비행기보다 항공역학적인 특성이 좋으며, 급선회 능력을 향상시킬 수 있다. 특히 받음각이 높은 상태에서 기동성이 뛰어나 차세대 전투기로 큰 역할을 할 것이다. 이 비행기의 초기 연구단계에서는 기동성은 뛰어나나 조종성이 매우 불안하기 때문에 소형기에 의한 시험비행만을 해야 했다. 그러나 X-29는 이러한 기술적 문제를 해결하고 고기동 시험비행에 성공하였으며, 비행속도도 크게 향상되어 마하 1.8을 기록하였다.

레이더에 탐지되지 않는다고 하여 붙여진 이름으로, 스텔스(Stealth)기가 있다. 전투기는 적의 레이더를 피해야만 안전하므로, 이를 연구한 결과 기체에 부딪쳐 오는 레이더파를 반사시키지 않고 산란시키는 방법과, 그대로 흡수하는 방법을 알게 되었다.

이러한 기술에 의해 가장 먼저 개발된 비행기는 SR-71으로 30년 동안 정찰기로 활동하고 있다. 1988년에는 F-117 전투기와 B-52 폭격기가 등장했으며, 미 공군의 차세대 전투기로 YF-22가 결정되어 본격적인 양산단계에 있다.

[그림 3-13] X-29 시험기는 전진익의 저속특성을 연구하기 위하여 설계하였다.

4. 고기동 비행기

비행속도가 빨라지고, 대형화되면서 조종사의 힘으로 비행기를 조종하는 기계식 조종계통은 한계에 부딪쳐 전기식 조종계통으로 바뀌게 되었다.

전기식 조종계통은 조종사가 원하는 조종력을 전기신호로 바꾼 다음, 전기배선을 통해 조종면까지 보낸다. 조종면에 전달된 전기신호는 유압장치를 작동시켜 정확하고 안정하게 조종면을 움직인다. 이와 같이 전기식으로 작동되는 조종계통을 플라이 바이 와이어(FBW : Fly-By-Wire) 조종계통이라 한다.

이 FBW 계통은 전기, 전자, 컴퓨터의 기술발달로 이루어졌다. 이것은 비행기의 조종 성능을 향상시키는 외에도 가볍고 간단하여, 어떤 비행기에도 적용시킬 수 있다. 따라서, 전투기뿐만 아니라 B767, A320 등 새로 개발되는 민간여객기에도 이 조종계통을 적용하고 있다. 최근에는 FBW 계통이 전자계통이나 번개 등에 의해 작동에 문제가 발생하므로, 광케이블을 이용한 플라이 바이 라이트(FBL : Fly-By-Light) 계통이 개발되었다.

F-16과 같이 기동성이 매우 좋게 설계, 제작된 비행기를 고기동 전투기(CCV : Control Configured Vehicle)라 한다. 이러한 고기동 전투기가 등장한 것은 앞날개나 겹날개 등과 같은 새로운 조종면이 개발되고, 이것들을 FBW나 FBL과 같은 조종계통을 이용하여 컴퓨터로 자동제어함으로써 가능해졌다.

5. 미래형 추진기관과 V/STOL

수직 이착륙기(VTOL)는 제자리에서 이착륙하는 비행기를 말하며, 단거리 이착륙(STOL)은 활주로에서 이륙하여 고도 15m까지 상승한 수평거리 즉, 이륙거리가 610m 이하인 항공기를 말한다. V/STOL기란 수직 및 단거리 이착륙기능을 모두 가지고 있으며, 이런 형태로 비행기가 개발된 것은 추력의 방향을 전환시킬 수 있는 방법이 개발되었기 때문이다.

미래형 추진기관은 추진효율을 향상시키는 것과 추력의 방향을 변환시키는 방법에 대해 연구 노력이 계속되고 있다. 추진효율을 향상시키는 방법은 기계적으로는 정밀도가 높은 기관을 제작하여 컴퓨터를 이용한 출력제어 방식이 주로 사용될 것이다. 추력의 방향을 변환시키는 방법은 기존의 수축 확산 노즐보다는 복잡한 기능을 가진 신형 노즐을 개발하는 것을 의미한다. 이 신형 노즐은 이착륙할 때 추력의 방향을 전환하여 지상 활주길이를 짧게 할 수 있고, 비행 중에 반대로 전환하여 갑자기 비행속도를 줄일 수도 있다.

미국 벨사와 보잉사가 개발한 V-22는 최초의 실용형 틸트 항공기(전환식 항공기, Tilt Rotor)로, 1989년에 시험비행에 성공하였다. 이 비행기는 헬리콥터와 터보프롭 비행기의 특성을 가지고 있는 수직 이착륙기로, 깃의 수는 3개이다. 기체의 대부분이 복합재료로 만들어졌으며, 순항속도는 460km/h, 항속거리는 2,590km이다.

[그림 3-14] V-22 오스프리 틸트 로터기

B747 점보기 등의 날개 끝에 꺾어진 모양의 작은 날개가 붙어 있는데, 이것을 윙렛(Winglet)이라 한다. 윙렛은 날개 끝에 발생하는 흐름현상을 막아 항력을 감소시킬 수 있고, 날개폭이 길어지는 효과를 얻을 수 있다. 따라서 새로 개발되는 전투기나 민간여객기의 날개 끝에는 대부분 이 윙렛이 붙어 있으며, 스팬로더기(Spanloader Aircraft)는 날개 안에 화물을 적재할 수 있도록 설계되어 300톤의 화물을 6,000km까지 수송이 가능하며, 물에서도 이착륙이 가능하다.

6. 미래의 여객기

가장 가까운 장래에 실현될 수 있는 차세대 여객기로는 슈퍼점보기를 들 수 있다. 이 여객기는 600~1,000명 정도가 탈 수 있는 규모로, 2000년도에 시험비행을 실시, 실용화를 위한 연구가 계속되고 있으며, 2005년도에는 A350이 인천공항에서 시험비행을 실시하였다.

초음속 민간항공기(SST : Super Sonic Transport)는 증가되는 항공교통 수요를 해결할 수 있다는 또 다른 차세대 여객기 개발계획이다.

최근에 미국에서 공해가 적은 극초음속 여객기(HSCT : Hypersonic Civil Transport)란 새로운 계획을 세우고 차세대 SST 개발을 서두르고 있다.

이 여객기는 우선 마하 2.5 정도의 것으로 소음 및 오존층 파괴를 하지 않는 여객기를 실용화시키면서 마하 5~6의 비행속도까지 낼 수 있도록 하며, 콩코드와 유사한 모양을 하고 있다.

전혀 새로운 개념의 우주항공기(ASP : Aero Space Plane)가 있는데, 이것은 일반 비행기와 같이 수평으로 이륙하여 대기권을 벗어난 높은 고도에서 순항비행을 하고 다시 지상에 착륙하는 비행체이다.

이 항공우주기는 수소기관을 사용하며, 비행고도를 30km 이상으로 높여 공기저항이 거의 없는 곳에서 마하 12~25의 속도로 비행한다는 것이다.

제 4 절 주요 항공기 소개

4.1. 전 투 기

1. 개 요

항공기의 군사적 이용은 1903년 라이트 형제의 동력항공기가 최초로 비행한 후 미 육군이 이 기체를 정찰목적으로 채택함으로써 시작되었으며, 1차 대전을 거치면서 중요한 군사용 무기로 인정받게 되었다. 대전 초기에 정찰기로만 운용되던 항공기는 적 항공기의 정찰활동을 저지하기 위한 목적으로 기관총을 장착한 전투기로 발전하였다. 전투기의 출현으로 정찰기와 폭격기는 자체방어에 적합한 무장을 하거나, 속도 및 기동성을 개선시켜야 했으며, 결과적으로 항공기의 성능은 급속히 향상되었다.

1차 대전 후 항공기는 기술적으로 급속히 진보되어 2차 대전 시에는 본격적인 전 금속제 전투기가 실전에 투입되었다. 엔진에 과급기(Supercharger)가 부착됨으로써 고고도 고속비행이 가능해졌고, 기총의 파괴력이 훨씬 강력해졌으며, 기체 내에 폭탄적재(Bomb Chamber)실이 설치되었다. 또한 2차 대전 말기에는 제트엔진 추진의 전투기가 출현하기에 이르렀으며, 1950년대 초 한국전쟁에서는 세계 최초로 제트전투기 간에 공중전도 이루어졌다.

1950년대 말에는 항공공학 및 항공전자 분야의 진보에 따라 음속의 2배로 비행하는 초음속 전투기가 개발되었으며, 이 시기에 개발된 공대공 미사일(AAM : Air To Air Missile)의 등장은 공중전술에 일대 혁신을 가져왔다.

미사일의 등장은 기총에 비해 사정거리를 훨씬 연장시켰을 뿐 아니라 전천후 공중전투도 가능함에 따라, 1960년대 초에는 전투기에 있어서의 기총 무용론이 대두되어 기총이 없는 F-4 팬텀이 생산되기도 하였다.

월남전에서 공중전을 경험해 본 결과, 근접전투 상황하에서 효과가 높은 기관총의 필요성이 재인식되어 1970년대에 개발된 전투기들은 공대공 미사일 탑재와 더불어 높은 발사속도의 파괴력이 강한 기관포를 장착하게 되었다.

월남전쟁 이후에는 항공기 개발비의 급격한 상승으로 인하여 작전요구에 따라 여러 종류의 임무를 복합적으로 수행 가능한 다목적 전투기(MRF : Multi-Role Fighter)를 운용하려는 경향이 미국을 주축으로 강하게 일게 되었다. 이러한 추세에 따라 개발된 F-16, F-18, 토네이도(Tornado) 및 라팔(Rafale) 등을 이른바 다목적 전투기라 부르는데, 이들은 전술상황에 따라 공대공 전투 또는 공대지 정찰 및 전자전 임무에도 사용할 수 있도록 설계되었다.

전투기(Air Combat Aircraft 또는 Fighter)는 제공권 확보 목적의 공중우세 전투기(Air Superiority Fighter)와 다양한 작전환경 변화에 따라 공대공 전투 및 공대지 공격임무를 가변적으로 수행할 수 있는 다목적 전투기(MRF : Multi-Role Fighter, MRCA : Multi-Role Combat Aircraft 또는 DRF : Dual-Role Fighter)가 있다.

(1) 공중우세 전투기

공중우세 전투기는 공중에서 적 전투기의 활동을 제압하기 위한 공대공 전투기이다. 일반적으로 이 목적의 전투기는 요격전투기(Interception Fighter), 공중전투기(Air Combat Fighter), 제공전투기(Counter Air Fighter) 또는 방공전투기(Air Defense Fighter)라고도 하며, 단순히 전투기(Fighter)라고 부르기도 하지만, 임무에 따라 정확히 구분하기 위해 '공중우세 전투기'라고 지칭하는 것이 오늘날의 새로운 경향이다.

공중우세(Air Superiority)란 공중전투에 의해 적 전투기의 활동을 저지하거나 격파함으로써 이들에 의한 방해나 위협을 받지 않고 아군이 원하는 시간과 장소에서 공·지·해의 제 영역에서 작전을 수행할 수 있는 행동의 자유이다. 항공기가 군사용으로 사용되기 시작한 이후, 공중우세는 항공력이 지향해야 할 가장 우선적인 가치로 존재하여 왔으며, 항공력이란 이를 확보하고 유지하기 위하여 필요한 것으로 간주되어 왔다.

공중전은 일반적으로 '적기발견－접근－기동－공격－이탈'의 단계를 거치면서 수행된다. 이를 위해 공중우세기는 기습의 유리한 위치를 확보하기 위해 성능이 우수한 장거리 요격레이더와 적으로부터 피탐률을 최소화하기 위한 스텔스성 기체설계, 그리고 적기를 육안으로 식별하기 위하여 조종석의 시계(Field Of View)가 양호하도록 고려되어야 한다.

또한 현대의 최신예기에 의한 공중전일지라도 격렬한 공중전투는 마하 1.2 이하의 천음속(Transonic) 영역에서 이루어지는 것이 대부분이지만, 성공적인 접근과 임무완료 후 신속한 이탈을 위하여 마하 2.0 이상의 고속비행이 가능하도록 고성능 엔진이 탑재되어야 한다.

한편, 초저공으로 침투하는 적기를 격추시키기 위하여 하방탐색 및 하방공격(Look Down/Shot Down) 능력을 갖춘 장거리 요격레이더와 파괴력이 강한 기관포, 그리고 성능이 우수한 능동 또는 반능동 공대공 미사일이 다양하게 탑재되어야 한다.

기동성은 공격 또는 방어를 유리하게 하기 위한 가장 중요한 요소로서 탁월한 선회성능이 요구되며, 우수한 가속성과 상승률을 유지하기 위해 추력 대 중량비가 1 이상이 되도록 경량재질의 복합소재로 기체를 설계하는 것이 일반적이다.

(2) 다목적 전투기

오늘날에는 전투기가 다목적화되는 추세에 따라 순수한 공중전투 목적의 공중우세 전투기는 그 의의를 상실해 가고 있으며, 대부분이 2차적으로 공대지 공격능력을 갖추고 있다. 다목적 전투기란 문자 그대로 두 가지 이상의 다양한 임무를 수행할 수 있는 전투기로서, 공대공 전투나 공대지 공격 능력뿐 아니라, 필요시 정찰 또는 전자전 임무까지도 수행할 수 있는 전투기를 말한다.

1970년대에 이르러 항공공학 및 항공전자 기술의 혁신적인 발달과 경량재질의 복합재료가 개발됨에 따라 본격적인 다목적 전투기의 개발이 시작되었다. 항공 선진국인 미국은 F-16과 F-18 등 우수한 다목적 전투기를 생산하였고, 유럽에서는 유럽 전장의 특성에 맞는 토네이도가 개발되어 나토전선에 투입되었다.

일반적으로 현용 다목적 전투기의 특성을 요약하면, 기체를 소형 경량화하고 고성능 엔진을 채택하여 기동성과 가속성을 향상시키고, 무장적재량과 연료적재량을 가능한 증대시켜 장거리 항속능력을 갖추게 하였다.

탑재장비로는 공대공 전투 및 공대지 공격임무 겸용의 다기능 레이더와 장거리 항법 및 공격장비를 갖추고 있으며, 자체 생존성을 증대시키기 위한 전자전 장비를 탑재하고 있다.

다목적 전투기는 개발과정의 차이에 의해 대체로 두 가지 유형으로 구분할 수 있다.

첫째 유형은 개발단계부터 다목적 임무를 지향하여 설계된 것으로서 미국의 F-16/18 및 유럽 공동생산의 토네이도가 있으며, 스웨덴에서 개발 중인 JAS 39 그리펜도 여기에 포함된다.

둘째는 초기에는 공대공 전투목적의 공중우세기로 생산되었으나, 추력 및 탑재능력이 충분하여 그 후 공격용 무장과 전자장비를 개선하여 공대지 공격능력도 갖춘 것으로서 F-4E, F-15E 및 F-14 등이 이 범주에 속한다.

다목적 전투기의 실효성은 최근의 걸프전에서 충분히 입증되었다. 즉 공중전투 전용 전투기는 다국적군이 제공권을 완전히 장악한 전쟁 후반에는 거의 무용지물이었으며, A-10은 전쟁 후반기에 작전을 수행할 수 있었던 것에 비하여 F-16, F-15E 등 다목적 전투기는 전쟁기간 동안 다양한 임무 수행으로 현저한 전과를 기록하였다.

걸프전 이후 미국은 기존의 다목적 전투기인 F-16과 F-15E의 성능을 대폭 개선하고 있으며, 해군의 함대 방공용 공중우세 전투기인 F-14에 대해서도 강력한 대지공격이 가능하도록 성능 개량이 진행되고 있다.

항공 선진국에서는 현재의 주력전투기의 한계수명이 도래하는 2000년을 전후하여 새로운 전투기를 실전에 배치할 목적으로 차세대 전투기를 활발히 개발하고 있다. 미 공군은 F-15의 차세대 전투기(ATF : Advanced Tactical Fighter)로 F-22를 선정하였고, 프랑스는 라팔을 개발하고 있으며, 유럽 4개국에서는 유럽형 전투기(EFA : European Fighter Aircraft) 개발을 추진하고 있고, 러시아는 SU-27을 개량한 SU-35 및 SU-37 계열을 개발하고 있다.

차세대 전투기가 갖추게 될 일반적 특징은 스텔스성, 초음속 순항 능력, 뛰어난 기동성, 항공전자장비의 첨단화 등이 될 것이다.

F-16급에서는 이미 실용화가 시작된 조종계통의 형상제어(CCV : Configured Control Vehicle) 방식이 구체화되고, 엔진의 추력방향을 전환시킴으로써 고기동을 가능케 하는 추력선 전환장치(Thrust Vectoring)가 실용화되며, 엔진의 성능을 개선, 전 고도에서 지속적으로 초음속 순항 비행이 가능해질 것이다.

또한 기체는 은밀한 침투가 가능하도록 스텔스 기법을 적용하여 설계하고, 조종석 계기는 효율적으로 통합 단순화시키며, 화력통제장치와 기체의 조종계통과 엔진조정장치를 통합 조종함으로써 고도의 전투능력을 구비하도록 할 것이다. 또한 원거리 공격(Stand-Off) 및 저고도로 비행하는 적기를 공격하기 위한 무장이 탑재되며, 음성지령에 의한 기체의 조종 및 공격도 가능해질 것이다.

전투기는 첨단기술의 집약체이며 동시에 현대전의 필수요건인 공중우세의 주요 관건이기 때문에 세계 각국은 항상 한 단계 성능이 향상된 신형기 개발에 노력을 집중함으로써 최첨단 전투기개발을 위한 각국의 노력은 계속될 것이다.

2. 주요 기종 소개

(1) P-4E 팬텀(Phantom)

□ 배 경

1953년 맥도널 더글러스(M.D : McDonnell Douglas)사는 미 해군의 요구에 의해 함대방공용으로 4발의 스패로(Sparrow) 중거리 요격 미사일을 장착하는 쌍발엔진의 전천후 장거리 복좌방공 전투기를 연구하게 되었다. 1954년 8월 해군에 의해 2대의 시제기 제작이 발주되었으며, 강력한 레이더와 3시간 이상의 항속능력을 갖춘 시제기가 1958년 3월 첫 비행을 실시하였는데 이 항공기가 F-4A이다.

F-4A는 순수한 함대방공 전투기로서 기총은 장착되지 않았으며, 기수에 탑재된 레이더의 유도를 받는 AIM-7 스패로 미사일 4발로 무장되었는데, 당시 이 항공기는 속도, 상승률, 고고도 비행성능에 있어 세계 최고의 전투기로 평가되었다.

실전용으로 생산된 F-4B는 1960년 12월부터 미 해군 및 해병대에 인도되기 시작하였는데, 이 시기에 미 공군에서도 지상기지 작전용 F-4 항공기 생산을 요구하게 되어 레이더를 포함한 항공전자장비를 공군의 요구에 맞게 개선한 F-4가 1963년 5월 첫 비행을 하였다.

F-4B의 기체에 대지공격능력을 보완한 F-4J가 미 해군용으로 1966년 5월부터 생산되었으며, 추력과 화력통제 레이더를 개선한 F-4S로 발전되었으며, 미 공군용으로는 F-4C와 외관상 같지만 항법 및 화력통제 레이더 등 항공전자장비를 대폭 개선한 F-4D가 1965년 12월부터 생산되었고, 베트남전의 경험으로 기수에 기관포를 내장형으로 장착하고 공대지 공격능력도 보완한 F-4E가 1967년부터 생산되었다.

F-4는 정찰기형으로 해군용 RF-4B, 공군용 RF-4C가 개발되었으며, 적 방공망 제압을 위한 대공제압기로 F-4C 및 F-4G 와일드 위즐(Wild Weasel)을 개발하였다.

F-4A는 1960년 2월 최초 실전배치 후 1979년 10월까지 다양한 모델로 개발되어 5,000대 이상이 생산됨으로써 당시로는 자유진영 최고의 베스트셀러 전투기가 되었고, F-15 및 F-16 등 우수한 전투기가 실전배치된 오늘날에도 방공, 요격, 근접지원 및 후방차단, 그리고 정찰임무와 적 방공망 제압 등 다양한 임무에 운용되고 있다.

□ 제원 및 성능

• 제작사 : 맥도널 더글러스(미)	• 최대속도 : 마하 2.27
• 기　고 : 5.02m	• 실용상승고도 : 16,580m
• 기　장 : 19.20m	• 항속거리 : 3,184km
• 기　폭 : 11.77m	• 전투행동반경 : 1,266km
• 자　중 : 13.757kg	• 최대무장적재량 : 7,257kg
• 엔　진 : 제너럴 일렉트릭 J79　GE-17	
• 추　력 : 17,900lbs×2	

□ 특 성

F-4 항공기의 동체는 크고 넓어서 내부에 최대 7,022리터(1,855갤런)의 연료를 적재할 수 있으며, 동체 하부에는 4개의 무장장착대가 부착된다.

저익구조로 설계된 주익은 거의 삼각형으로 테이퍼(Taper)된 형태이며, 주익의 중앙 외측은 상반각이 큰 독특한 형태이다. 주익의 내측은 연료탱크로 사용되며, 외측은 접히도록 설계되어 함상 또는 지상에서 적재공간을 적게 차지하도록 하였다. 동체 양 옆으로는 17,900lbs 추력의 G.E(General Electric) J79-GE-17 터보제트 엔진 2대를 장착하고 있다.

탑재 항공전자장비로는 APQ-120 화력제어 레이더, 적외선전방탐지장비, AJB-7 전고도 폭탄투하장비, AGS-26 사격조준장비 및 페이브(Pave) 계열 레이저 폭탄조사기 등 공격용 장비를 탑재하고 있으며, 항법장비는 ASN-63 관성항법장비(INS), APN-155 레이더 고도계 및 자동비행 조종장치 등이 장비되어 있다.

[그림 3-15] F-4 팬텀기

F-4는 공대공 및 공대지 공격용의 다양한 무장능력을 보유하고 있다. F-4E 기수에 M61A1 20m 기관포(F-4E)가 장착되어 있으며, 기타형에는 기관포 포드를 장비할 수 있으며, 동체 하부에 4개소, 주익 하부에 각각 2개소 등 8개의 무장장착대가 설치되어 최대 7,250kg(15,982lbs)의 각종 무장장착이 가능하다. 공대공 무장으로는 기총 1문 외에 AIM-7 스패로, 스카이 플래시 또는 AIM-120 ARMRAAM 중거리 미사일, AIM-9 사이드와인더가 운용되며, 공대지 미사일로는 AGM-65 매브릭 및 페이브 계열 미사일 등이 운용된다.

핵폭탄으로는 B-28, 43, 57, 61을 장비하고 있으며, M-117, 118, MK-82, 83 등 재래식 폭탄도 운용되며, 그 외에 지상용 지뢰살포기, 로켓 및 BLU 계영 확산탄도 장착 가능하며, 전자전용 ECM 포드와 정찰용 카메라 포드도 운용된다. 한편 적 방공망 제압기 F-4G에는 함(HARM), 쉬라이크(Shrike) 대 레이더 미사일이 운용된다.

정찰용으로 개조한 RF/F-4C는 F-4C의 무장을 제거하고 측방 탐지레이더, 적외선탐지장비 및 다양한 카메라를 장착, 1964년 5월부터 505대 생산되었다. F-4D는 F-4C와 외관상 거의 같지만 항법 및 기타 전자장비를 대폭 개선하였으며, 특히 사격통제장비를 APQ-100에서 APQ-109로 개선하였다. 이 항공기는 한국 및 이란에 30여 대 인도되었다.

F-4E는 대지공격 능력을 대폭 개선하여 다목적 전투기로 개발된 것으로, 1967년 8월부터 1,370대가 생산되어 한국을 비롯하여 구서독, 영국 및 이스라엘 등에 538대가 수출되었다.

□ 실전사례

F-4의 총생산량은 5,200여 대로서 서방의 단일 전투기로는 역사상 최대생산량을 기록하였으며, 2차 대전 이후 거의 모든 전쟁에 참전하여 공대공 전투 및 지상목표 공격에서 그 성능을 인정받았다.

1964년 8월부터 월남전에 참전하여 F-105 및 B-52 폭격기의 엄호, 지상군 근접항공지원, 후방차단, 적 방공망 제압 및 정찰임무를 수행하였으며, 1973년 종전 시까지 월맹의 미그(MiG)기 총손실량의 70%인 약 140대를 격추시켰다.

1967년에서 1973년까지의 수차례에 걸친 중동전에서도 이스라엘 및 이란 공군의 F-4는 우수한 성능, 특히 탑재미사일의 우수한 성능으로 미그기를 제압하였으며, 적 전략 및 전술 목표물에 대한 공격임무도 성공적으로 수행하였다.

최근에는 미 공군의 F-4G 및 RF-4C가 걸프전에 참전하였는데, 전쟁기간 중 F-4G는 적 방공망 교란 및 제압작전에 투입되었고, RF-4C는 주·야간 고고도 사진정찰 임무를 수행하였다.

□ 운용 및 전망

1960년 실전배치 후 1987년 생산이 종료될 때까지 약 5,200대 생산되어 미 해·공군과 한국을 비롯한 세계 10여 개 국에서 운용되고 있다. 최초생산 후 40여 년이 지났지만 3시간 이상의 항속능력의, 양호한 기동성, 탁월한 공대공 및 공대지 무장능력으로 오늘날에도 다목적 전투기로 탁월한 성능을 인정받고 있다.

F-15/16 및 F-18 등 첨단 전투기의 등장에 따라, 퇴역이 진행되고 있으며 2000년대 초반까지 대부분이 퇴역할 것으로 전망된다.

(2) MiG-15 파곳(Fagot)

□ 배 경

구소련은 당시에 보유하고 있던 미그-9, 야크-15, 야크-17의 미흡한 성능을 보완하기 위하여 1946년 독일에서 노획한 고공항공기 설계에 대한 연구자료를 바탕으로 보다 향상된 요격기 개발에 착수했다. 이 새로운 요격기는 적의 고공 전략폭격기에 대응할 수 있는 강력한 기관포, 높은 상승률, 고공에서의 우수한 기동성과, 1시간 이상의 체공능력을 갖추는 것 등을 기본목표로 설계되었다.

1947년 12월 30일 영국 롤스로이스(Rolls-Royce)사 Nene 엔진을 장착한 미그-15가 공식 최초비행을 실시하였다. 그 후 영국제 Nene 엔진을 모방한 RD 45F 엔진을 장착하여 성능을 더욱 향상시켰으며, 이후 양산체제에 돌입하여 총 1만5천~1만8천대를 생산하였고 미그-15의 성공적인 설계로 미그 설계국은 스탈린상을 수상하였다.

□ 제원 및 성능

• 기 장 : 10.0m	• 최대속도 : 1,050km/h(652mph)
• 기 폭 : 10.1m	• 실용상승고도 : 15,200m(49,869ft)
• 엔진추력 : 5,000bs×1	• 항속거리 : 2,207km

[그림 3-16] 미그-9, 야크-15와 야크-17의 성능을 대폭 개선한 미그-15

□ 특 성

미그-15는 RD-45F 엔진을 장착하고 해면고도에서 최고속도 10,050km/h를 기록함으로써 당시 세계에서 가장 빠른 항공기의 영예를 차지하였으며, 또한 상승률과 작전상승한도 그리고 선회율 면에서도 당시의 경쟁기인 F-86보다 우수하다는 평가를 받았으나 실전에서는 조준기(Gun Sight) 성능과 조종사 기량이 미흡하여 전반적인 열세를 면치 못하였다. 미그-15는 양산에 들어간 이후, 추력 2,700kg의 VK-1엔진과 개량된 전자장비를 갖춘 미그-15BIS, 복좌훈련기 미그-15UTI, 레이더를 장착하여 전천후 능력을 갖춘 미그-15P로 개량되기도 했다.

□ 운용국가 및 실전사례

미그-15는 약 1,800대가 생산되어 구소련 및 위성국에 제공되었고 폴란드, 체코, 중국에서 양산되어 공산권에 널리 사용되었으며, 특히 복좌인 미그-15UTI는 공산권 국가의 표준 고등훈련기로 쓰이고 있다.

미그-15는 세계 최초로 제트기 간의 공중전이 이루어진 한국전쟁에 최초로 실전에 투입되었으나, 1950년 12월 17일 F-86과의 교전으로 1대 격추된 이후 일반적인 비행성능 면에서 우세함에도 불구하고 레이더, 기총, 조준기, 조종사 훈련 및 전술 면에서 미흡하여 1953년 7월 휴전이 이루어질 때까지 2년 8개월 동안 792대 격추되었고 F-86과의 공중전에서 손실률을 볼 때 10 : 1의 절대적 열세를 보였다.

(3) F-5E 타이거(Tiger)

□ 배 경

1955년 노스럽사는 미국 정부의 아시아 및 유럽 등 우방국의 고성능 전투기 제공요구에 부응하기 위하여 자체적으로 저가의 고성능 경량 전투기 개발을 시작하였으며, 1956년 미 공군 및 해군은 이 설계안을 기초로 한 훈련기에 관심을 표명함으로써 전투기와 병행하여 타론(Talon)으로 명명된 T-38 훈련기로 개발하게 되었다.

1962년 4월 F-5A는 미 국방성에 의해 우방국에 대한 수출용 기종으로 선정됨에 따라 1963년 10월 F-5A 프리덤 파이터(Freedom Fighter) 1호기가 시험비행하였고, 1964년 2월에 훈련기 겸 전투기인 복좌형 F-5B가 시험비행에 성공하였다. F-5A는 1969년까지 한국을 비롯하여 20여 개의 우방국에 650대 이상이 수출되었으며, KS-92 카메라를 장착한 정찰형 RF-5A를 생산 수출하였다.

F-5A를 기초로 하여 기동성 향상에 중점을 두고 재설계 제작된 F-5E 타이거(Tiger)는 1970년 미 국방성이 유럽 및 아시아권 우방국에 제공하기 위한 저가의 경량전투기 계획인 국제전투기(IFT : International Fighter Aircraft) 개발계획에 선정됨으로써 1972년 첫 비행 후 양산이 시작되었다.

1982년 대한항공과 삼성정밀 미국의 노스럽 및 제너럴 일렉트릭사와 기술제휴로 국내 최초로 F-5E/F 전투기가 공동 생산하기에 이른다.

□ 제원 및 성능

- 기 고 : 4.07m
- 기 장 : 14.45m
- 기 폭 : 8.13m
- 자 중 : 4,410kg
- 엔 진 : GE J85-GE-21B 터보제트 엔진
- 추 력 : 2,268kg
- 최대속도 : 마하 1.64
- 실용상승고도 : 15,793m
- 항속거리 : 2,863km
- 최대무장적재량 : 3,175kg

[그림 3-17] 우리나라의 제공호 F-5E 전투기

□ 특 성

저가의 경전투기로서 방공임무에 적합하도록 설계되었으며, 경폭격 임무도 수행 가능하고 사진정찰용으로도 개발되었다.

F-5E는 F-5A에 비해 항공전자장비 및 무장능력을 대폭 개선하였다. 주요 항공전자장비로는 20nm의 목표물에 대한 추적능력이 있는 APQ-153/159 펄스레이더, AGS-31 사격조준장비 및 APX-101 적아식별장비 등이 탑재되어 있으며, 관성항법장비 LN-33, 계기착륙장비인 ARN-108, ALE-40 ECM 장비 및 ARN-46 레이더 경보 수신기(RWR : Radar Warning Receiver)를 장착할 수 있으며, AGM-65 매브릭(Mavrick) 미사일을 포함한 레이더 또는 전자광학 무장용 CRT도 운용이 가능하다.

탑재무장은 M39A2 기총 20mm 2문, AIM-9 공대공 미사일(사이드와인더) 2문 활주로 파괴폭탄→CBU-24/49/52/58, LAU-3 2.75인치 로켓 발사대, SU-20 폭탄 및 로켓 발사대, TDU-10 표적예인장비 등 다양한 무장 운용 능력을 갖추고 있다.

1978년 3월부터 개발이 시작된 정찰형 RF-5E는 주야간 사진정찰 임무용 정찰장비를 적재할 수 있도록 F-5E의 기수부를 개조하여 1982년 12월 최초의 비행을 실시하였다.

RF-5E는 F-5E와 중량, 성능 및 무장능력 면에서 차이가 없으며, 주요 차이점은 기수부가 0.2m 확장되었으며, 정찰임무에 따라 여러 가지 정찰장비를 조합하여 운용한다.

□ 운용 및 전망

F-5A/B는 1963년 8월 최초비행 후 1971년까지 약 800대 생산, 17개국에서 운용 또는 퇴역이 진행되고 있다. 또한, 1972년 생산이 시작된 후 1986년 바레인에 2대가 마지막으로 인도됨으로써 생산이 종결되었으며, 총 1,100대 정도 생산되어 20여 개국에 운용되고 있다.

한국공군 F-5A/B 100여 대, F-5E 약 200대 등 도입 운용하였으나 F-5A/B는 운용 종료되었다.

□ **실전사례**

미 공군은 월남전에 다수의 F-5를 참전시켜 주로 전장차단 및 근접항공지원 임무를 수행하였으며, 1991년 1월 발발한 걸프전에서는 다국적군의 일원인 걸프 협력체(GCC : Gulf Coorperating Council, 쿠웨이트, 사우디아라비아, 오만, 아랍에미리트 및 바레인)의 F-5E 100여 대가 참가하였다. 여기에서 F-5E는 전장차단 및 지상군에 대한 근접항공지원임무를 주로 수행하여 지상전 준비단계에서 사우디-쿠웨이트 국경에 집결된 이라크 지상군에 대한, 폭격 및 쿠웨이트 내 병참을 공격하는 전력으로 운용되었다.

(4) 미그-21 피시베드(Fishbed)

□ **배 경**

1950년대 초반 구소련의 전투기 개발에 영향을 미친 몇 가지 중요 요소 중 하나는 미 공군 제트폭격기 세력의 급속한 증가였다. 마하 0.9급의 B-47 폭격기를 미그-19기가 겨우 대적할 수 있었던 상황에서 보다 성능이 우수한 미국의 B-52 폭격기의 등장과 한국전에서의 경험은 구소련으로 하여금 새로운 고성능의 전투기를 개발하도록 하였다.

1953년 후반 B-52 폭격기에 대응하기 위해 새로운 전투기에 대한 요구조건이 시달되었으며, 그 내용은 속도 마하 2.0, 최대상승한도 66,000ft로 크기는 미그-17보다 약간 클 것과 거리측정만 가능한 레이더에 공대공 유도탄과 기관포 2문, 그리고 재래식 비행성능에 우수한 기동성 등 당시로는 까다로운 조건들이었다.

1956년 5월, 삼각기인 Ye-2a, 6월에는 Ye-5 첫 비행을 실시하였다. 시험비행 결과 Ye-5가 내부연료 탑재량이 많아 양산 기본형으로 선택되었으며, 1957년 미그-21 피시베드(Fishbed)로 명명 양산이 결정되어 1958년부터 인도되기 시작하였다.

1959년 미그-21의 취약점을 보완한 본격생산형인 미그-21F가 생산된 이래 세계에서 가장 많이 생산된 전투기라는 기록을 수립하였다.

□ 제원 및 성능

• 기 고 : 4.5m	• 최대속도 : 마하 2.1
• 기 장 : 16.6m	• 상승률 : 284m/sec
• 자 중 : 5,200kg	• 최대 이착륙 중량 : 10,000kg

□ 특 성

미그-21은 수많은 개량형을 거쳐 미그-21BIS형까지 발전되어 나가면서 장착엔진도 변화되어 왔다. 최종세대형인 미그-21 BIS에는 추력 7,500kg의 투만스키(Tumansky) R-25 엔진을 장착하여 고공성능을 크게 향상시켰다.

기관포는 미그-21PF형에서는 제거되었으나, 미그-21PFma형에서 가볍고 포신이 짧은 GSH-23 기관포를 장착하였으며 4발의 공대공 유도탄을 장착할 수 있다. 미그-21 BIS의 후기형에서는 레이더 스코프 대신 전방시현장비(HUD)를 장착하기 시작하였고, AA-8 아피드(Aphid) 공대공 미사일도 장착 가능하도록 개량되었다.

저속성능이 뛰어나고 짧은 활주로에서도 운용이 가능하다는 장점이 있지만, 급기동 시 삼각익에서 양력보다 저항이 먼저 발생하여 고도와 속도의 손실을 초래하는 약점을 지니고 있다.

[그림 3-18] 삼각날개를 가진 미그-21은 세계에서 가장 많이 생산된 초음속 전투기이다.

삼각날개를 채택하여 기동성을 향상시켰으며, 공기흡입구 중앙에는 레이더를 내장한 콘(Cone)을 설치하여 전후 3단계로 움직이면서 대기속도에 따라 자동조절되어 엔진의 요구에 맞는 공기유입량을 확보하도록 되어 있다.

미그-21의 최대의 특징은 운용의 용이함에 있다. 단순함을 추구하는 구소련의 전투기 개념에 따라 충실하게 설계되었다. 조종계통의 간결함, 장비점검 및 무장장착 등 지원의 용이성과, 불과 10분 이내에 재출격이 가능한 신뢰성 등을 최대의 장점으로 하고 있다.

□ 운용국가 및 실전사례

미그-21은 최대의 생산대수(구소련 6,500~7,000대, 인도 400여 대, 중국 400여 대, 체코 200대) 기록, 가장 많은 나라에서 운용되고 있으며, 세계의 거의 모든 분쟁지역의 전투에 참가한 전투기이기도 하다.

구소련의 이른바 '미그 외교'의 일환으로 동·서의 맹방이나 신생국 등에 유리한 조건으로 광범위하게 제공되었고, 1996년경까지 표준전투기로서의 위치를 차지했던 기종이다.

월남전에서 미그-21은 작전에 제한을 받은 F-4를 먼저 식별해 공격하는 이점을 가지고 있었으나 조종석 시야와 기동성에 제한이 있어 시종 열세를 면치 못하였으며, 중동전에서 이스라엘의 F-4와 미라주(Mirage) 전투기에 의해 5대가 격추되는 등 열세를 면치 못하였다.

1973년 중동전에서 이집트 공군은 지상군에 대한 근접지원용으로 사용하는 등 저속성능이 우수한 장점을 이용 주로 저공, 저속에서 운용성과를 올린 바 있다.

(5) 미그-23/27 플로거(Flogger)

□ 배 경

1960년대 서방측 전투기는 구소련의 동급 전투기에 비해 탑재량이나 항속능력, 전자장비 면에서 우월하였다. 특히 구소련의 미그-21의 경쟁기인 F-4는 무장탑재 능력뿐만 아니라 적기를 무장 사거리 밖에서 적을 격추시킬 수 있었다. 구소련은 이러한 미그-21의 결점이 1960년대 말에 이르면 심각한 문제가 될 수 있다는 사실을 깨닫고 미그-21을 대체할 새로운 전투기를 연구하게 되었다.

신형 미그기의 기본적인 요구조건은 가시거리 밖에서 적기를 탐지해 공격할 수 있는 능력을 보유하기 위해 장거리 탐지 및 추적레이더와 유도식 미사일을 장착하고 항속거리와 탑재능력을 향상시키는 것이었다.

이러한 조건으로 삼각(Delta)날개의 Ye-230을 제작, 시험비행까지 마쳤으나 기대만큼 향상된 성능을 얻을 수 없어 설계를 가변익(Variable Geometry Wing)으로 설계 변경하여 제작된 미그-23 플로거(Flogger)를 시험비행 후 1972년에 작전에 투입하였다.

많은 개량형 중 본격적인 공격기형으로 외형 및 무장능력을 대폭 개조한 미그-21 개량형인 미그-27을 선보였으며, 나토에서는 플로거로 명명하였다.

□ 제원 및 성능

• 제 작 사 : 미그 설계국	• 최대속도 : 마하 2.3
• 기 고 : 4.82m	• 실용상승고도 : 18,500m
• 기 장 : 16.60m	• 전투행동반경 : 1,300km
• 기 폭 : 13.95m(전진 시) 7.77m(후퇴 시)	• 항속거리 : 2,500km
• 자 중 : 10,200kg	

□ 특 성

미그-23/27은 고정무장인 기관포는 포신이 둘인 29mm GSH-23L로서 200발의 탄약을 휴대하며, 미그-27은 구소련 전투기로서는 최초로 6열의 총신을 가진 23mm 회전식 기관포를 장착하여 대지공격 능력을 향상시켰다.

[그림 3-19] 가변익을 가진 미그-23/27 플로거

미그-23/27은 무장 면에서도 미그-21보다 한층 강화시켜 AA-7 아펙스(Apex), AA-8 아피드(Aphid) 공대공 미사일을 최대 6발까지 장착 가능하며, 신형 공대공 미사일인 AA-11 아처(Archer)도 장착 가능함이 확인되었다.

미그-21과 미그-23/27의 최대 차이점은 항공전자계통의 진보라 할 수 있다. 탐색거리 85km의 펄스 도플러식 레이더 화력제어장비를 갖고 있으며, ECM 장비와 더욱 발전된 항법장비도 갖추고 있다. 미그-27은 레이저 거리측정기를 장비하는 등 대지 공격을 위한 전자장비가 강화되고 장거리 공격(Stand-Off) 능력을 갖고 있다.

□ 운용국가 및 실전사례

미그-23은 미그-21을 짧은 기간 내에 대체하기 위하여 급속도로 생산이 진행되어 구소련 방공군에 430대, 전방 항공군에 1,750대가 인도되었으며, 동구권 국가 및 중동, 쿠바, 인도 등에 다수가 수출되어 현재 약 3,000여 대 가량이 운용되고 있다. 미그-27은 구소련의 전방 항공군에 830대를 비롯, 이라크, 시리아, 인도에서 운용 중이며 인도의 힌두스탄(Hindustan) 항공사에서는 1979년부터 면허생산을 하고 있다.

미그-23은 1981년 6월 베카계곡 전투에 최초 참전하여 시리아 공군의 미그-23 85대가 이스라엘 공군기 F-15F와 F-16에 의해 격추되었다. 그 원인은 시리아 군이 전술과 공대공 미사일의 성능 및 전전자전 운용 면에서 열세로 추정된다. 1991년 걸프전 당시에도 이라크군 미그-23 8대가 격추되었으나 일방적 다국적군의 우세 속에 진행된 전투 중의 손실이라 정확한 성능비교는 할 수가 없다.

(6) F-16 파이팅 팰컨(Fighting Falcon)

□ 배 경

미국 공군은 전통적으로 F-4 및 F-15, 해군은 F-14와 같은 대형 중량 전투기를 주력기로 선호하여 왔으나 1970년대 초 월남전의 장기화에 따른 전비부담의 증가로 국방비에 큰 타격을 받고 있었으며, 기동성이 경쾌한 미그기에 대항하기 위한 공대공 전투용 경량전투기의 개발이 필요하게 되었다.

미 공군 차세대 주력 전투기로 채택된 F-15는 제공임무를 위주로 하는 단일 목적의 기종으로 미 공군에서는 F-4와 같은 다목적기의 필요성이 대두되었다. 이와 같은 배경으로 미 국방성은 소형 경량전투기(LWF : Light Weight Fighter) 개발의 필요성을 절감하게 됨으로써 대형 중량전투기와 소형 경량전투기를 병합하여 개발한다는 Hi-Mix 정책을 수립하게 되었다.

1972년 4월 LWF 연구기 개발에 G.D사와 노스럽사를 선정하고 각각 2대의 원형기 제작을 계약하였으며, 이들을 각각 YF-16, YF-17로 명명하였다.

1974년 미 국방성은 이를 발전시켜 공중전 전투기(ACF : Air Combat Fighter) 개발로 방향이 수정되었으며, 12월에 있은 비교심사에서 항속능력과 가속성능이 우수한 G.D사의 단발엔진 전투기 YF-16이 1975년 1월 미 공군의 ACF로 선정되었다.

G.D사는 15대를 발주받아 개발을 시작하였는데, 이 항공기가 바로

F-16A이다.

F-16A의 본격 개발기(FSD : Full Scale Development)는 8대가 제작되어 1976년 12월 1호기가 최초비행을 실시했으며, 양산형 F-16A 1호기가 1978년 8월 최초비행에 성공하였고 1979년 1월 부대배치를 시작하였다.

당초 F-16 양산계획은 F-4 및 F-104 대체용으로 650대 정도였으나 소형 경량이면서도 전투기로서의 성능을 인정받아 미 공군이 1,338대, 나토 4개국 348대 신청하였으며, 1976년 이란은 160대를 발주하였다.

□ 제원 및 성능

- 전　장 : 15.06m
- 기　폭 : 9.96m
- 기　고 : 4.88m
- 자　중 : 8,673kg
- 최대이륙중량 : 19,187kg
- 최대무장적재량 : 6,895kg
- 최대속도 : 마하 2.0 이상
- 실용상승고도 : 15,240m
- 전투행동반경 : 925km
- 최대항속거리 : 3,890km
- 추력 대 중량비 : 1, 1:1

[그림 3-20] 우리 공군의 주력기로 1백여 개 협력업체에서 직접 생산된 부품을 삼성항공이 최종조립하여 제작한 KF-16

□ 특 성

F-16은 제공 및 대지공격 능력을 갖는 소형 경량의 다목적 전투기로 개발되었으며, 단발엔진의 단점을 보완하기 위하여 비상동력원(EPU : Emergency Power Unit)을 장비함으로써 주 엔진 결함 시 이를 작동하여 상당기간 비행이 가능하도록 하였다.

F-16의 특징 중 가장 뛰어난 것은 세계 최초로 비행조종계통에 플라이 바이 와이어(Fly-By-Wire) 시스템을 채택하여 완전제어 비행체(CCV : Control Configured Vehicle) 조종개념으로 설계되었다는 것인데, 완전한 CCV는 아니지만 고성능의 능동제어기술(ACT : Active Control Technology)에 의하여 기동성을 크게 향상시킨 점이다.

또한 고기동성을 목표로 설계된 전투기로서 최대속도는 마하 2.0 정도이나 마하 0.9에서 1.6까지 가속시간 70초로서 F-15의 60초에 버금가는 세계 일류급이다.

주요 탑재 항공전자장비로는 APG-68 펄스 도플러 거리 및 방향탐지 레이더가 장착되어 공대공 모드 시 거리, 방향, 속도 탐지기능 및 10개의 목표물에 대하여 동시추적기능이 있으며, AIM-7 스패로(Sparrow) 공대공 미사일에 대한 표적조사가 가능하다.

야간 대지공격장비인 야간 저고도항법 및 적외선 공격장비(LANTIRN : Low Altitude Navigation And Targeting Infra-Red For Night)는 주·야간 자동 목표물 포착, 원거리 목표물 식별, 자동 목표물 지시, 자동 레이더 유도 폭탄투하 능력 및 정밀 공대지 레이더 거리포착기능을 보유하고 있다.

새로운 ECM 장비인 ALQ-165 항공기 자체방어 전파교란기(ASPJ : Airborne Self Protection Jammer)를 장착함으로써 방해전파를 효과적으로 제어함으로써 생존성을 증대시켰다.

공대공 미사일로는 AIM-9J/LM 사이드와인더를 비롯하여 암람, 매직 2 및 스카이 플래시(Sky Flash)를 장착할 수 있고, 공대지 무장으로는 AGM-65 매브릭 공대공 미사일, 알람, 함 및 쉬라이크(Shrike) 레이더 파괴용 펭귄(Penguin) 공대함 미사일을 적재할 수 있다.

□ 실전사례

F-16이 최초로 전투에 참가한 것은 1980년 6월에 이스라엘 공군이 이라크의 오시라크 원자로를 폭격한 것이다.

이 폭격은 F-15, 6대의 엄호하에 전개되었는데 시나이 사막 내 에치온(Etzion) 공군기지에서 이륙한 8대의 F-16은 2,000lbs 폭탄을 적재하고 요르단 및 사우디 상공을 통과하여 50분 후 바그다드 남방 12nm에 위치한 원자로 돔에 2,000lbs 폭탄 8발을 투하하였다. 이 전투에서 F-16은 공중 재급유 없이 540nm 밖의 목표물을 폭격함으로써 대지공격 능력 및 우수한 항속능력을 입증하였다.

공중전에 참전한 것은 1982년 6월부터 시작된 이스라엘과 시리아 간의 레바논 전투(베카계곡 전투)이다. 이스라엘 공군의 F-16은 F-15와 함께 베카계곡 내 시리아 방공포망을 폭격하기 위해 이륙한 A-4 및 F-4 전폭기를 격퇴하려고 출격한 시리아의 미그-21/23 85대를 격추하였다. 이러한 성과는 이스라엘 조종사들의 월등한 기량과 E-2C 조기경보기의 정보지원 및 우수한 무기체계에 기인한 것으로 평가되고 있다.

1991년 1월 발발한 걸프전 시 다국적군의 주력전투기로 총 210대 참가하여 공대공, 후방차단, 근접지원 및 대 레이더 공격임무에 총 1만1천회 출격하였다. 특히 야간 저고도 항법 공격장비(LANTRIN)는 AGM-65 매브릭 공대지 미사일과 재래식 폭탄의 발사에 높은 적중률로 그 성능을 과시하였다.

□ 운용 및 전망

1978년 8월 미 공군에 납품된 이래 NATO 4개국 및 아시아, 남미를 포함하여 세계 16개국에서 운용 중에 있으며, 다목적 전투기로 다양한 임무를 수행하고 있는데, 제공 및 대지공격을 비롯 공중정찰, 대공제압 임무와 전투훈련 시 가상 적기로서의 역할과 신기술 개발을 위한 시험비행 임무 등 실로 폭넓게 운용되고 있다.

2000년 말 현재 세계 16개국에서 4,100대 이상 운용되고 있다.

우리나라는 1986년부터 40대의 F-16C/D를 도입운용 중이고, 1991년 4월 차세대 전투기사업(KFP : Korea Fighter Program)에 의해 F-16C/D 블록 50이 선정되어 1999년 말까지 52억 달러가 투입되어 12대의 완제기를 도입하고 36대는 록히드의 생산라인을 국내 반입 생산하고, KFP 사업의 핵심인 72대의 면허생산은 삼성항공이 주계약자가 되어 생산완료 후 현재 총 120대가 실전배치되어 운용 중에 있다.

(7) F-15E 스트라이크 이글(Strike Eagle)

□ 배 경

맥도널 더글러스사가 제작한 F-15E는 제공전투기로 개발된 F-15의 복좌형에 공격용 항전장비를 추가하여 대지공격임무도 병행하도록 2중 임무 전투기(DRF)로 개량된 항공기로서 현용 세계 최상급의 전투기로 평가받고 있다. 월남전의 경험과 항공작전을 효과적으로 수행하기 위하여 적 전투기 제압에 의한 제공권의 확보가 우선적 요소임이 재차 부각되었다.

한편 구소련은 이 시기에 최고속도 마하 3.0급의 미그-25를 개발하였으며 미 공군은 이에 상응하여 차세대 전투기 개발에 있어 마하 2 이상의 속도로 장시간 항속성능을 보유할 것을 요구하였다.

1969년 M.D사의 F-15가 이 계획에 의한 차세대 전투기로 선정되어 20대가 발주되었으며, 1972년 7월 제공전투기인 F-15A가 최초의 비행을 실시하고 1974년 11월부터 실전에 배치되었다. 이후 성능개량을 추진하여 1979년 공격용 레이더인 APG-63을 공대공 및 공대지 2개 모드로 운용이 가능한 APG-70으로 교체하는 등 2차적으로 대지공격 능력을 부가한 F-15C/D형이 생산되어 1988년 9월까지 미 공군용 850대를 포함 총 1,100대가 생산 배치되었다.

1980년대 초 미 공군은 제공전투 및 공대지공격능력을 겸비한 2중 임무 전투기(DRF : Dual-Role Fighter) 개발계획을 추진, 이 계획에 의하여 F-15E가 탄생하였다.

1986년 최초비행을 시작한 후 1992년까지 미국에 209대가 실전배치되었다.

□ 제원 및 성능

• 제 작 사 : 맥도널 더글러스(美)	• 자 중 : 14,379kg
• 전장/기고 : 19.43m/5.63m	• 최대이륙중량 : 36,741kg
• 기 폭 : 13.05m	• 최대무장적재량 : 11.113kg
• 추 력 : 29,000lbs	• 최대속도 : 마하 2.5
• 실용상승한도 : 30,500m	• 항속거리 : 4,445km
• 전투행동반경 : 1,270km	• 설계하중 : +9.0/−3.0G

□ 특 성

F-15 A/B/C/D형은 쌍발 터보팬 엔진을 장착한 고성능 장거리 요격전투기이나, 최신개량형인 F-15E형은 복좌의 전천후 제공 및 대지공격의 2중 임무 전투기로서, 공대공 전투능력뿐 아니라 주·야간 장거리 후방차단 등 고도의 대지공격 능력을 보유하고 있다.

[그림 3-21] F-15E는 1984년 2월 24일 첫 비행 후 1988년에 실전배치되었다.

F-15E의 기체는 기존의 F-15A/D를 대폭 개선하여 약 60%가 새로 설계됨으로써 최대 이륙중량 및 무장적재량을 증가시켰으며, 대지공격 임무가 부가됨에 따라 장시간 비행이 요구됨으로써 기체수명이 F-15C의 두 배인 16,000시간으로 연장되었으며 항공전자장비가 대폭 보강되었다.

기체의 재질은 가볍고 경도가 큰 티타늄 합금을 많이 사용하고 설계 구조를 개선함으로써 기체의 중량을 최대로 경량화하였다. 야간이나 악천후하에서의 저공침투 공격능력을 갖추기 위하여 AN/ALQ-114 야간 저고도 항법 공격장비(LANTIRN) 포드를 장착하였으며, 링 레이저 자이로(Ring Laser Gyro)식 관성항법장비(INS)를 탑재하여 항법비행의 정확도를 향상시켰다. 특히 B-57 또는 B-61 핵폭탄의 적재도 가능하다.

□ 실전사례

이스라엘 공군의 F-15는 1979년부터 가끔 시리아 공군의 미그기와 전투를 벌여왔는데, 1982년 6월 레바논의 베카 전투에서 이스라엘의 F-15는 주력기인 F-16과 함께 참전하여 시리아, 레바논 국경지대에 위치한 베카고원의 SAM 기지를 공격했다. F-15와 F-16은 이에 대응하여 출격한 시리아 공군의 미그-21/23/25와 공중전에서 단 5일간의 공중전 기간 동안 56 : 1이라는 놀라운 격추율을 기록하였다.

1991년 1월 발발한 걸프전에서 미 공군 및 사우디아라비아 공군의 F-15 약 260대가 참전하여 공대공, 공대지 및 후방차단 작전 등 다양한 임무를 수행하였다. 특히 미 공군의 F-15E는 야간 저고도항법 공격장비인 LANTRIN을 장비하고 이라크의 전략거점, 스커드 미사일 발사대 및 전차부대 공격 등 주야간 저공침투 정밀공격 임무를 수행하였다. 약 1개월간 지속된 전투에서 개전초기 대공화기에 2대만이 손실되었다.

□ 운용 및 전망

1972년 7월 F-15A가 최초로 비행에 성공한 후 1974년 11월 미 공군에 실전배치가 시작되었으며, 1976년 말부터 이스라엘에 수출이 개시되었다.

F-15E는 1984년 1월 미 공군의 2중 임무 전투기(DRF : Dual-Role Fighter)로 선정되어 1988년부터 인도를 시작하여 2000년까지 미 공군, 사우디, 이스라엘 등에 계속 납품이 이루어지고 있다. 1998년 말 현재, F-15A/B는 수출용을 포함하여 445대가 생산되었고, F-15C/D는 약 575대가 생산되었다.

일본이 면허생산한 F-15J/DJ는 22대, F-15I 25대 및 F-15S 72대가 생산되었다. 또한 2중 임무 전투기인 F-15E는 약 220대가 생산운용됨으로써 F-15 계열 총생산운용 대수는 1,360대를 상회하고 있으며, 2000년대 초까지 성능 개량이 계속되면서 21세기 초까지 ATF와 함께 미 공군의 주력전투기로 운용될 전망이다.

우리나라는 2002년부터 F-15K로 명명된 차기 전투기 사업이 진행 중에 있다. 이 F-15K는 F-15 시리즈의 가장 최신버전으로, F-15E 스트라이크 이글(Strike Eagle)을 한국의 요구에 맞게 성능을 개량한 최고성능의 전투기 중 하나다. 기존 F-15 시리즈의 전투기들과 외관은 동일하나 각종의 진보된 전자장치 및 무장운용 능력, 보다 강력한 엔진, 보다 강화된 재질의 기체를 가진 새로운 전투기이다.

한국 공군은 노후 전투기 도태에 따른 부족전력 및 최소 규모의 억제전력 확보를 위해 F-15K 전투기를 2008년까지 직구매로 확보, 전력화를 추진하고 있다.

(8) F-22 랩터(Raptor)

□ 배 경

미 공군은 21세기 구소련 공군 및 지역분쟁의 위협에 대해 공대공 및 공대지 우세를 유지하기 위하여 F-15C를 대체할 차세대 제공전투기(ATF : Advanced Tactical Fighter)의 개발에 대한 개념 연구를 1980년대 초부터 착수하였다.

ATF는 기존 전투기의 개념을 벗어난 전혀 새로운 형태와 기술이 적용된 전투기로서 장래의 공중위협에 대응하여 공중우세를 계속 유지할 수 있도록 보다 긴 항속거리와 낮은 피탐율(被探率), 보다 빠른 속도와 기동성 및 높은 신뢰성과 정비유지의 용이성이 요구되며, 또한 후기연소(After Burner) 사용 없이 초음속의 순항비행이 가능하고 상당량의 공대공 무장을 탑재할 수 있는 능력을 요구하였다.

미 공군은 미래 ATF에 중요한 요건이 초음속 순항능력이라고 결정하게 되었다. 당시 나토 지휘관들은 유럽에서 전쟁이 발발 시 나토 전투기와 공격전력의 생존성에 대해 회의적이었으며, 따라서 미 공군은 1983년 중반까지 ATF 개념을 F-15 대체기로서 후기연소를 사용하지 않고도 초음속 비행을 할 수 있는 전투기가 있어서 적 지상 전역을 초음속으로 비행한다면 적의 SAM에 전투기가 노출되는 것을 크게 감소시킬 수 있을 것이라고 생각하였다.

따라서 1983년 중반까지 공군은 ATF 개념을 F-15 대체기로서 후기연소기를 사용하지 않고도 초음속 비행을 할 수 있으며, F-15와 유사한 무장을 하면서 F-15보다 훨씬 긴 항속거리를 가지며, 단거리 이착륙 성능을 갖는 항공기로 정의하였다.

1986년 8월 미 공군은 ATF 대상 경쟁 주계약자로서 2개 업체를 선정하였으며, 노스럽사는 맥도널 더글러스(McDonnell Douglas)사와 제휴하여 YF-23을 개발하고, 록히드사는 제너럴 다이내믹스(General Dynamics)사 및 보잉(Boeing)사와 합작하여 YF-22를 개발하여 1988년 8월과 9월 각각 최초의 시험비행을 실시하였다. 시험비행에서는 후기연소를 사용하지 않는 상태에서 초음속 비행능력, 추력 방향전환 노즐(Thrust Vectoring Nozzle)의 사용시험, 스패로 및 사이드와인더 공대공 미사일 발사능력 및 최대하중과 높은 받음각 상태에서 기동성 등이 평가되었다.

미 공군 측의 ATF 최종결정에 대한 평가는, 지원체제를 포함해서 기술, 기획, 체계분석 및 관리를 포함한 프로그램 구조측면 및 가격과 개발과정에서의 기술성취도, 사업 중요성 인지도, 신뢰성 및 정비유지성 등의 요소를 포함하여 고려되었는데, 스텔스성 및 비행성능, 특히 기동성에서 뛰어난 F-22를 최종결정하였다.

F-22의 회사별 제작업무 분담은 주계약자인 록히드사가 전방동체, 항공전자장비, 조종계통 등을 담당하고, 보잉사는 날개 및 후방동체 제작과 항공전자장비 통합시험을 담당하고, 제너럴 다이내믹스사는 중앙동체, 꼬리날개, 강착장치, 관성항법장치 및 기타 탑재장비에 대한 개발 제작을 담당토록 되어 있었다.

□ 제원 및 성능

- 제작사 : 록히드사
- 기 장 : 20.5m
- 기고/기폭 : 5.4m/12.8m
- 자 중 : 22,679kg
- 최대이륙중량 : 31,752kg
- 엔진추력 : 2×20,000lbs(MIL)
  2×35,000lbs(MAX)
- 최대순항속도 : 마하 1 이상
  (후기연소기 미사용)
- 최대속도 : 마하 2.5～3.2
- G 한계치 : +9
- 전투행동반경 : 2,497km
- 항속거리 : 5,550km

[그림 3-22] 지난 1991년 4월 미국의 차세대 전술전투기로 선정된 F-22는 기존의 F-15에 비해 2배의 항속거리를 가지고 있으며, 최고속도는 음속의 2배이다.

□ 특 성

F-22는 쌍발 터보팬 엔진이 장착된 단좌형 공중우세기로서(2차적 임무로 대지공격임무수행 능력도 구비), 전반적인 특징은 스텔스 기술에 의한 낮은 레이더 피탐지율과 높은 기동성 및 민첩성, 후기연소기 사용 없이 초음속 순항능력(마하 1.58)을 보유하고, 항전장비도 최신 레이더 성능과 통합된 조종석 시현장비 통합 전자전 장비 등을 장착하여 전투효율을 극대화시키고 있다.

F-22는 레이더 피탐율을 감소시키기 위하여 외형상으로 유선형이 아닌 각진 형태의 기체 형상을 하고 있다. 이러한 각진 형태는 모든 각도에서 레이더 반사파를 감소시켜 레이더 유효반사면적(RCS)을 적게 해주기 위하여 레이더파를 몇 개의 좁은 폭으로 제한시키는 스텔스 설계 방식에 따라 각이 진 형태를 취하였으며, 스텔스성을 확보하고 항공역학적인 성능을 제고시키기 위하여 무장 및 연료를 모두 내부에 장착할 수 있다. 재질은 전체 기체의 약 30～40%가 열경화성 복합소재로 제작된다.

F-22의 기체는 기존 미 공군의 F-15C보다 약간 크며, 추력은 비슷한 중량의 F-15C용 F100 엔진이 23,000lbs급인 데 반해, F-22용 Pratt & Whitney사의 F119 엔진은 35,000lbs급으로 대폭 향상되어 고공에서 고속비행 시 후기연소를 사용하지 않고 마하 1.4～1.5의 초음속 순항비행(Super Cruise)이 가능하다.

탑재무장을 보면, M61A1 20mm 기총 1문이 기수에 장착되고 동체측면 격실에 AIM-9 사이드와인더 미사일 4기를 장착하며, 동체하부 격실에 AIM-120 AMRAAM 4기가 장착 가능하다. 또한 대지공격용으로 AGM-65 매브릭(Maverick), 함, 페이브웨이(Paveway), HAVE DASH Ⅱ 및 기타 여러 종류의 폭탄이 적재 가능하다.

□ 운용 및 전망

1997년 9월 F-22의 첫 모델 4001호기가 첫 비행을 실시, 성공하였다. 원래 이 모델은 단좌형 F-22A 9대와 복좌형 F-22B 2대 등 11대를 제작할 예정이었으나 예산삭감으로 단좌형만 9대를 만들게 되었다. 1999년에 F-22 생산계약이 체결되었고, 2002년부터 미 공군에 인도됨으로써 2004년에 작전배치를 완료하였다.

2012년까지 총 438대를 생산 예정이었으나, 2001년 예산상의 문제로 295대 양산을 결정하였다. 2007년 2월, 12대를 일본 가데나 미 공군기지에 배치 예정이었으나 연기하기로 발표되었다.

- 1대 가격 1억 8,500만 달러

(9) F-15 사일런트 이글(Silent Eagle)

□ 배 경

공중우세 전투기로 개발된 F-15A/B와 F-15C/D, 강력한 기체 성능을 바탕으로 대지공격능력을 더한 F-15E에 이르기까지 F-15는 그 능력을 진보시켜 왔다. 그러나 스텔스기를 비롯해 AESA 레이더 등 첨단 항공전자장비를 장착한 전투기들이 늘어나면서 보잉사는 21세기에 살아남기 위하여 F-15의 성능을 업그레이드한 F-15SE(Silent Eagle)를 발표하였다.

스텔스 시대에 살아남기 위하여 2009년 3월에 보잉의 세인트루이스 공장에서 F-15E에 내부무장창(CWB : Comformal Weapon Bay), 능동전자주사식(AESA : Active Electronically Scanned Array) 레이더, 디지털 전자전장비(DEWS : Digital Electronic Waefare Suite), 15° 기울어진 수직미익 등을 장착한 F-15SE를 공개했다.

공개한 F-15SE의 레이더 단면적(RCS : Radar Cross Section) 감소 부분은 정면에 한한 것으로 공대공 전투를 예상하여 결정된 것이다. 이를 위하여 레이더 흡수재(RAM : Radar Absorbing Materials) 도료의 대폭 적용, 공기흡입구에 레이더 블로커 적용, 15° 경사 수직미익 및 내부무장을 위한 내부무장창(CWB)을 채택하였다.

□ 제원 및 성능

- 전장 : 19.45m
- 전고 : 5.64m
- 전폭 : 13.05m
- 최고 속도 마하 : 2.5
- 최대이륙중량 및 탑재중량 : 36,741kg, 11,748kg
- 작전반경 : 720nm
- 추력 : General Electric F110-GE-129 터보팬 엔진 2대(29,000 lb), 또는 Pratt &Whitney F 100-PW-229 엔진 2대 (29,000 lb)
- 무장 : 20mm M61A1 벌컨포, AIM-120/AIM-9 공대공 미사일, JDAM, 소구경탄(Small Diameter Bomb) 등 다양한 공대지 무기

□ 개선 분야

스텔스 전투기의 주요 특징 중의 하나인 내부무장을 위한 내부무장창(CWB)은 기존 F-15 시리즈가 사용하는 연료탱크(CFT : Comforma Fuel Tank)의 일부분을 개조한 것으로 미사일 또는 500lb 합동직격탄(JDAM : Joint Direct Attack Munition) 4발, 소구경폭탄(SDB : Small Diameter Bomb) 8발을 장착할 수 있으며, 연료탱크 축소로 인해 F-15K와 비교해 공대지 임무 수행 시 200nm, 공대공 임무 수행 시 180nm의 항속거리가 줄어든다. 그러나 적극적인 공대공 임무가 필요한 첫째 날 임무가 끝나면 짧은 시간 안에 CFT로 교체가 가능하여 기존의 항속거리와 무장장착 능력을 확보할 수 있다. 보잉사는 한국의 KAI와 CWB의 설계/개발/제조에 대한 협력 양해각서를 체결하였다.

15° 경사 수직미익도 레이더 반사를 줄여주며, 추가적인 양력을 발생시키지만 보잉사는 이를 도입구별로 옵션을 걸어두었다. 이와 함께 RCS 감소의 중요한 포인터인 레이더 차단기의 설치에 대해서도 미국 정부의 허가사항이라고 한다. 또한 보잉사는 F-15SE의 정면 RCS를 F-35의 정면 RCS와 동일한 수준으로 낮출 수 있도록 허가해 주기를 기대하고 있다. 하지만 이 정면 RCS는 외국에 판매허가가 떨어지더라도 미국 정부의 허가수준에 따라 변할 수가 있다.

F-15SE는 기본적으로 APG-63(V) AESA 레이더를 장착하는데, 이는 기존의 기계식에 비해 뛰어난 추적능력을 보여준다. 이와 함께 BAE 시스템사가 개발한 DEWS를 채택하였기 때문에 종래의 여러 가지로 구성된 아날로그 체계를 디지털 체계로 통합한 것으로 정비하기가 편리하고 구성부품의 축소로 인해 내부 연료탱크의 증설이 용이하게 되었다. 또한 이스라엘의 엘빗사의 대화면 터치 디스플레이를 채택하여 AESA 레이더와 DEWS 등과 데이터 링크를 통해 입수된 정보를 융합하여 조종사에게 제공함으로써 상황인식(SA : Situation Awareness)에 도움을 줄 수 있다.

새로 도입된 디지털 FBW는 F-15K에 사용하던 근접지원(CAS : Close Air Support) 방식에서 벗어나 F-15SE의 조정능력을 한 단계 업그레이드 시켰으며, 이 덕분에 공허중량을 줄이는 이득을 보았다. APG-63(V) AESA 레이더, DEWS 전자전 시스템 및 디지털 FBW는 사우디아라비아에서 운영하는 F-15S와 새로 주문한 F-15SA에 업그레이드로 채택하기로 하여 더욱 강력한 공군력을 보유하게 되었다.

가장 많은 F-15 계열을 운용 중인 미 공군은 F-35 도입 지연으로 F-15의 수명연장 사업을 추진하기 때문에 보잉사에서 제안한 항전장비를 얼마나 수용할지는 모르지만, 앞으로 F-15 개량사업에는 상당한 영향을 끼칠 것으로 생각된다.

[그림 3-23] 가시권 밖의 표적을 향해 미사일을 발사하고 있음

[그림 3-24] 격납고에 출동대기 중인 F-15se

그림에서 보는 것처럼 F-15K/SG에는 없던 아우터 포인터에 무장장착대를 설치하여 주익에 총 4개의 무장장착대를 설치할 수 있으며, 추가되는 무장장착대는 공대공 듀얼 런처를 사용하여 총 4발의 미사일을 더 설치할 수 있다.

스텔스 전투기로 활용할 때는 4발의 미사일을 내부무장창에 장착하지만, 전쟁개시 초반이 지나면 기존의 F-15K처럼 컨포멀 연료탱크 및 주익의 무장장착대를 활용하여 전폭기로서의 임무를 수행할 수 있는 이점이 있다고 보잉사는 밝혔다.

□ F-15 업그레이드 시장의 영향

F-15SE는 아직까지 도입의사를 밝힌 국가는 없으며, 특히 미국 공군도 도입의사를 밝히지 않아 보잉사가 원하는 대로 되지 않을 것으로 보인다. 특히 전면 RCS만 F-35를 도입하려는 F-15 보유 국가들의 구미에 맞출 수 없을 것으로 사료된다.

하지만 보잉이 F-15SE를 발표하면서 적용한 항전 시스템들은 F-15 개량시장에서는 좋은 반응을 얻고 있다.

(10) F-35 라이트닝 II(Lighting 2)

□ 배 경

미국의 군사세력은 워낙에 규모가 크고, 또 거기에 사용되는 병기의 가짓수도 세계에서 가장 많다. 미국이란 나라가 원래 경제논리를 따지는 나라이고 또 철저하게 이익에 따라 움직이는 나라이다 보니, 이 병기 운용의 효율성도 중요시하게 되어 미군에서 전투기를 사용하는 공군, 해군, 해병대 등 3군 통합형 전투기를 하나의 기종으로 생산하여 경제성을 살려내는 시도가 여러 번 있어왔다. 개중에는 3군의 요구사항을 적절히 조율하여 F-4, A-7처럼 성공한 사례가 있는가 하면 서로의 요구사항을 너무 충족시키다 F-111처럼 실패한 사례도 있다. JSF는 팬텀의 성공과 아드바크의 실패 이후 또 다시 시도되는 3군 통합전투기의 탄생이자, 팰컨과 팬텀에 맞먹는 베스트셀러 전투기가 되려고까지 한다.

F-16의 전례를 살펴보자면, 미 공군이 채택하자마자 NATO의 4개 회원국(네덜란드, 노르웨이, 벨기에, 덴마크)이 채택하기 시작하여 현재 전 세계에 약 4,000여 대가 팔려나간 베스트셀러 전투기의 위치에 있다. F/A-18도 F-16보단 적지만 캐나다, 호주, 스위스 등 여러 나라에 팔려나갔고, 이를 대체하기 위해 나온 F-35도 해외 여러 나라에 판매가 고려되어, 그에 따른 설계사상이 기체에 상당수 반영되어 있다.

2006년 현재 저율초기생산단계인 F-35이지만, 이 F-35의 개발사업에 참여한 국가는 미국을 비롯한 영국, 네덜란드, 캐나다, 덴마크, 노르웨이, 터키, 호주, 이스라엘, 싱가포르 등 기존에 F-16과 F/A-18을 운용했었고, 또 현재 그 기종들의 교체시기를 바라보는 국가들이다. 당장에 미 공군과 해군, 해병대의 요구대수도 2,000대에 육박하는 상황에서 개발참여국과 향후 구입할 가능성이 있는 국가들(한국, 일본, 사우디, UAE 등)의 구매량까지 합한다면 F-16보다 앞지를 수도 있는 상황이다.

[그림 3-25] F-35 전투기의 위용

냉전의 산물이라 불리는 F-22는 미 공군의 F-15처럼 본격적인 방공/공중우세전투기로서의 단일목적을 가진 Hi-End급의 전투기세력을 대체하기 위한 대안이었다. 그러나 그 시기가 냉전이 끝나가는 때가 되어서 그 본래 취지가 희석되었다. 원래 800여 대에 달할 것이라 예상되었던 생산대수가 130여 대로 대폭 줄어들어버렸기 때문에 미국의 최첨단기술이 집약되어 있는 F-22를 해외판매에까지 고려하고 있는 상황이다.

F-35는 이와는 달리 F-16이나 F/A-18 같은 보조적인 임무나 제한적 공중우세임무를 수행하는 Low-End급의 전력으로서 애초에 F-16이나 F/A-18처럼 막대한 양이 생산되어 미 공군과 해군, 해병대의 Low-End 전력을 대체하기 위해 탄생된 것이다. F-22와는 다르게 F-35는 여러 가지 종류의 전투기들이 한 기종에 통합되도록 기술을 최대한 집약하고, 각기 다른 요구조건을 요하는 구매 측의 요구사항도 같이 통합하여 생산단가를 줄이는 방식이다.

록히드마틴사의 X-35가 정식으로 JSF에 채택되어 F-35로 이름을 바꿔 달게 된 때는 2001년 10월의 일이다. JSF 사업은 F-22의 개발사업인 ATF와 같이 JAST라는 이름으로 시작하여 1996년 JSF의 이름으로 바뀌었다. F-35는 록히드마틴사가 개발하여 미 공군에 채택한 F-22 랩터의 전형적인 축소판으로 볼 수 있다. F-22에 적용된 전자장비의 기능을 축소하고 단순화시켜서 적용하였고, 기체의 크기는 축소, 엔진의 형상은 전혀 다른 기체이다. 허나 F-22는 순수하게 미 공군의 전력증강을 위한 기체였고, 애초에 JSF가 요구했던 것은 바로 3군의 통합 전투기였기에 미 공군에 특화되어 있던 이 기체를 공군, 해군, 해병대별로 서로 다른 형태로의 개발이 필요했다. 공군과 해군, 해병대는 모두 처음에는 작전 요구사항이 서로 달랐고 이를 통합해 나가는 과정이 이루어져 세 기종의 호환성을 70~90%까지 끌어올렸다.

미 공군이 요구하는 형태인 F-35A는 1차적으로는 F-16과 A-10의 대체, 2차적으로는 F-22를 보좌하여 Hi-Low 통합구조로 유지하는 것이다. F-35A는 F-35의 가장 기본적인 형태이고 해군과 해병대의 F-35는 모두 이 F-35A로부터 발전해 나간 기체라고 볼 수 있다. F-35B는 미 해병대와 영국 해군이 요구한 형태로 STOVL이 기본적인 요구사항으로, 세 기종과는 다르게 단거리이륙/수직착륙을 위한 별도의 설비가 설치되어 있다. F-35B는 미 해병대의 AV-8B와 F/A-18C/D, 영국 해군의 해리어 GR.7을 대체하게 된다. F-35C는 미 해군이 요구한 전형적인 함상기(CTOL)의 형태로서 F/A-18C/D를 대체하여 F-35와 F/A-18E/F를 통합하여 운용할 예정이다.

□ 제원 및 성능

• 주임무 : 전천후 다임무 전투기	• 승무원 : 1명
• 제작사 : 록히드마틴	• 전장 : 15.52m
• 전고 : 4.07m	• 전폭 : 13.12m
• 최대이륙중량 : 22.7t	• 최대속도 : M 1.5
• 추진 : F119-PW-611C 터보팬엔진 1기	
• 추진력 : 재연소기 가동 시 42,000lbs	
• 기체중량 : 12.000kg	• 무장 시 중량 : 19.000kg
• 순항속도 : Mach	• 운용고도 : 50,000ft

- 전투행동반경 : 1,112km
- 기본무장 : M61A2 20mm 기관포 1문
- 레이더 : AN/apg-81
- 엔진 : 플랫 휘트니 F-135 터보팬
- 탑재무장 : AIM-120C AMRAAM, AIM-9X Sidewinder
- 각종 유도무장 및 미사일 5,000lbs(외부 파일런 사용 시)

□ 스텔스의 가치

현재 록히드마틴이 F-35에 대해 가장 강조하는 것은 5세대 전투기로서 비교할 수 없는 스텔스의 가치이다. VLO(Very Low Observable) 최저 피탐지기능을 갖춘 F-35는 최신 지대공 위험환경에서도 생존함은 물론 적의 4세대 전투기들이 압도적인 수적 우위에서도 이동 및 기동 표적을 탐지하고 추적하여 파괴시킬 수 있도록 설계되었다. 특히 F-35는 예측 가능한 모든 환경에서 제공권을 보장하고, 어떠한 미래 군사력 현대화 요건에도 필요한 기반을 제공할 수 있는 능력을 겸비한 전투기이다.

□ 킬 체인 무력화

스텔스 기능은 F-35와 같은 전투기가 킬 체인(Kill Chain)의 각 연결고리를 차단시킨다. 킬 체인은 감시－탐지－표적획득－추적－발사－유도 및 격파까지의 과정으로, F-35의 스텔스 특성은 적 감시레이더의 킬 체인을 차단해 스텔스 전투기를 향한 무장발사를 원천적으로 봉쇄한다.

스텔스 전투기도 보이지만 표적획득이 불가능하고 표적획득 레이더에 지속적인 정보제공이 불가능해 킬 체인을 무력화한다는 것이 중요하다. 일부 저주파 레이더 체계는 스텔스 전투기에 대해 임의적으로 정보를 제공할 것이라고 주장되어 왔다. 그러나 간헐적인 정보로 일관성 있는 표적획득 및 추적에 필수적인 변수들인 거리와 방향, 속도 고도 등 상호간의 상관관계를 파악할 수 없다.

□ 스텔스의 요인

스텔스 기능은 4세대 전투기들도 가지고 있으나 스텔스의 요인들에 대한 이해가 없이는 4세대와 5세대 전투기 간에는 엄청난 차이가 존재한다는 사실을 알지 못한다. 특히 F-35의 스텔스 기능은 지난 25년간 축적된 스텔스 기술의 모든 면에서 집약된 결과물이다. 실제 스텔스 기능을 갖추기 위해서는 전투기의 설계단계부터 스텔스 기능을 주요 요인으로 고려하여 설계에 반영하여야 한다. 스텔스 설계의 주요 요인으로는 내부연료, 내부무장, 내장형 센서 및 동체설계가 포함되어야 한다. 기존의 전투기는 이러한 요인을 간과하였기 때문에 스텔스 기능이 떨어진다.

• 내부연료

스텔스 전투기는 동체 내부에 다량의 연료를 내장할 수 있다. 외부연료탱크는 불규칙한 동체 모양을 형성해 탐지에 취약하며, 항력을 증가시켜 작전반경을 단축시키고, 속도와 가속과 같은 항공역학적인 성능을 저하시킨다.

• 내부무장

외부연료탱크와 마찬가지로 동체 외부에 장착된 무장도 스텔스 기능을 떨어뜨린다. 특히 오늘날 무장발사지점은 대공방위체계로 충분히 감지될 수 있는 범위 내에 있다. 이러한 취약점 때문에 4세대 전투기가 효과적인 무장발사지점에 도달하기까지의 생존 가능성은 낮아진다. 이에 반해 무장을 내부에 탑재할 수 있는 능력은 전투기가 적의 대공방어무기 위협 범위 내에서도 스텔스 기능을 유지하도록 하고, 적이 탐지를 못하는 상황에서도 표적에 접근 후 무기를 발사할 수 있도록 해 생존력과 파괴력을 향상시켜 준다.

• 내부/내장형 센서

기존의 4세대 센서 시스템의 구성요소인 돌출형 안테나, 센서 블레이드와 외부 포드는 레이더에 대한 노출을 증대시킨다. 반면 스텔스에서는 내부 센서 시스템과 내장형 안테나가 비행기 설계의 필수 요건이다.

• 동체 설계

스텔스 전투기 제작 시 가장 중요시 되는 것 중 하나는 동체 설계이다. 레이더에 노출되는 것을 막기 위한 동체 설계는 전면부의 공기흡입구에서부터 시작된다. 스텔스 전투기에는 공기흡입을 조절하는 램프, 분할기 등 기타 장치를 일체 장착하지 않는다. 또한 가시선 노출을 감소시키는 흡입구 설계를 통해 레이더 에너지 반사를 감소시킨다. 이와 함께 날개와 주요 조종면 부분의 선미와 후미도 정렬되어 있으며, 모서리 부분들이 평행대칭을 이루도록 하여 반사면적을 줄여준다. 그러나 4세대 전투기의 공기흡입구는 엔진 터빈과 블레이드가 보이도록 설계되어 레이더에 쉽게 노출된다.

□ 전투력

첨단 대공방어체계와 직면한 상황에서도 생존력을 제공하는 스텔스 기능은 압도적인 제공권은 물론, 첨단 대공방어체계에 치명적인 공대지 파괴력을 보장한다. 스텔스 기능은 첨단 4세대 전투기가 F-35를 확인하고 대응하기 전에 F-35가 4세대 전투기에 대한 탐지 및 추적을 마쳐 미사일을 발사하여 격추시킬 수 있도록 제작되었다.

또한 공대지 교전 시 스텔스 기능은 주요 표적을 방호하는 적군의 첨단무기로부터 F-35를 보호하고, 원격무기의 사정권 내에 접근하거나 침투가 가능하도록 설계되었다. 특히 F-35의 스텔스 기능은 적의 탐지거리를 효과적으로 감소시켜 적의 위협을 피하고, 위협요인과 대치하는 상황에서도 비행을 가능하도록 해준다. 이와 함께 F-35의 독자적인 침투, 표적 접근 및 안전 귀환능력은 4세대 전투기와 비교했을 때 동일한 작전 수행에 필요한 전투기의 대수와 지원기를 현저히 절감시켜 준다.

항공전력이 처음으로 맹위를 떨친 제2차 세계대전 이후, 제공권의 장악은 전쟁의 승리를 의미했다. 제공권이란 항공전력이 적보다 우세하여, 적으로부터 방해를 받지 않고 육·해·공 작전을 수행할 수 있는 것을 의미한다. 특히 제공권을 장악하는 데 핵심요소는 전투기라고 할 수 있다. 이러한 이유 때문에 전투기는, 각 나라 공군력의 척도이자 국방력의 상징이 되었다. 전투기의 중요성이 부각되면서, 세계 각국은 성능이 더 뛰어난 차세대 전투기 개발에 뛰어들고 있다.

차세대 전투기 가운데 가장 많은 주목을 받는 전투기 중 하나가 미 록히드마틴사가 개발한 F-35 전투기이다. F-35 전투기는 차세대 전투기의 핵심이라 할 수 있는 스텔스(Stealth) 성능과 함께, 다양한 임무를 수행 할 수 있는 멀티롤(Multi-Role) 전투기이다.

□ 먼저 보고 먼저 쏘는 전투기

F-35 전투기는 F-22 전투기에서 사용되었던, 스텔스 성능을 보편화시킨 전투기이다. 스텔스 성능이 발휘되도록 설계된 동체와 레이더 흡수재료를 통해, F-35 전투기의 레이더 반사면적은 매우 작은 수준이다. F-35 전투기는 스텔스 성능은 레이더에 대한, 저탐지성에만 머물지는 않는다. 스텔스기를 탐지하는 기술이 발달되면서, 스텔스기를 탐지하는 수단인 적외선과 적의 전자정찰에도 스텔스 성능을 가져야 했다.

[그림 3-26] F-35 전투기의 조종석 다기능 디스플레이(MFD)는 터치스크린 방식의 파노라믹 디스플레이

F-35 전투기는 독특한 설계를 통해 적외선 탐지율을 낮추었다. 또한 F-35 전투기에 장착되는 AN/APG-81 레이더는 저피탐성 전파를 발산해, 적의 전자정찰에도 잘 잡히지 않는다. 다양한 스텔스 기술이 접목된 F-35 전투기는, '먼저 보고 먼저 쏘는' 스텔스 전투기의 기능에 충실한 전투기로 알려져 있다.

□ 아이폰 세대를 위한 조종석

F-35 전투기는 다양한 임무를 수행할 수 있는 멀티롤 스텔스 전투기로 개발되었다. F-35 전투기는 공대공, 공대지 그리고 정찰임무까지 소화한다. 이러한 임무를 보다 효과적으로 수행하기 위해 F-35 전투기는 전투기의 두뇌라 할 수 있는 조종석에 대변화를 주었다.

전투기 조종석에 설치된 기계식 계기판과 다기능 디스플레이(MFD)를 없애고, 직관적인 인터페이스를 위해 최초로 파노라믹 디스플레이(Panoramic Display) 방식을 채용했다. 즉 하나의 대형 디스플레이가 기계식 계기판과 다기능 디스플레이를 대체한 것이다. 또한 터치스크린 방식이 적용되어, 다양한 기능을 쉽게 사용할 수 있게 되었다. 전투기 조종석이라면 반드시 있어야 된다고 생각했던 전방시현장비(HUD)도 없어졌고, 이들 기능은 통합 헬멧 시현기로 옮겨졌다.

[그림 3-27] 통합 헬멧 시현기 채택

통합 헬멧 시현기는 야간 투시경 기능과 함께 공대공 미사일과도 연동된다. 일부에서는 이러한 F-35 전투기의 조종석을, 아이폰 세대를 위한 조종석이라고 평가하기도 한다.

F-35 전투기는 조종석에 대대적인 변화를 주었다. 다기능 디스플레이(MFD)는 터치스크린 방식의 파노라믹 디스플레이로 바뀌었고, 전방시현장비(HUD) 대신 통합 헬멧 시현기를 채택했다.

□ F-22 전투기보다 앞선 항공전자장비

F-35 전투기는 개전 초기에는 적의 레이더에 탐지되는 것을 피하기 위해 무장과 연료를 동체 내부에 탑재하고, 적진 깊숙이 침투하여 타격임무를 수행할 수 있다. 표준무장으로는 AIM-120C 암람 중거리 공대공 미사일과 제이담(JDAM) 폭탄을 각각 2발씩 동체 내부 폭탄창에 탑재한다. 다른 구성으로 4발의 AIM-120C 또는 8발의 소구경 폭탄(Small Diameter Bomb)을 내부에 장착할 수도 있다. 경우에 따라서는 외부에 다양한 무장을 탑재할 수 있다.

한편 고정무장으로는 F-35A 전투기는 GAU-12 25mm 벌컨포가 탑재된다. F-35B와 F-35C 전투기는 포드 형식으로 필요에 따라 GAU-12 25mm 벌컨포가 장착된다. F-35 전투기의 엔진으로는 미 P&W사의 F-135 엔진이 탑재된다. F-35 전투기는 F-22 전투기에 비해 발전된 항공전자장비를 탑재한다. F-22 전투기의 AN/APG-77 레이더를 기반으로 만들어진, AN/APG-81 레이더는 공대지 모드에서 매우 뛰어난 성능을 자랑한다. 여기에 최신형 표적획득 및 추적체계인 AN/AAQ-40 EOTS (Electro-Optical Targeting System : 광전자 표적장비)와 접근하는 미사일이나 공중 목표물에 대한 식별 및 위치를 파악하는 6개의 적외선 센서로 구성된 AN/AAQ-37 DAS(Distributed Aperture System : 분산형 개구장비)는, F-22 전투기에는 없는 최첨단의 광학감시장비이다.

□ 개발지연과 가격상승

최첨단의 성능을 자랑하는 F-35 전투기이지만, 개발일정 지연과 생산

지연에 따른 비용상승으로 커다란 역경을 겪고 있다. 총 사업비용은 4백조 원대로 증가했고, 이는 8년 전보다 무려 65%나 증가한 것이다. 특히 2001년 JSF 기종 선정 당시 대당 가격은 5,020만 달러(한화 560억원) 수준이었던 것이, 2010년에는 대당 9,240만 달러(한화 약 1,035억원)로 84%나 비용이 증가했다.

그러나 F-35 전투기 개발계획은 최근 각종 개발 일정을 빠르게 소화하면서, 전반적인 상황은 과거에 비해 호전되고 있다. 2011년 7월에는 미 플로리다 주의 에글린 공군기지에, 미 공군 최초의 양산형 F-35A 전투기가 배치되었다. 2011년 10월에는 미 해병대용 F-35B 전투기가 미 해군의 헬기강습양륙함 와스프호에서 이착륙 시험을 성공적으로 수행했다.

한때 개발중단의 위기까지 몰렸지만, 미국의 입장에서 F-35 전투기의 개발중단 조치는 불가능하다고 보는 것이 전문가들의 대체적인 시각이다. F-35 전투기는 미군뿐만 아니라 해외시장에 판매할 수 있는, 미국의 유일한 제5세대 전투기이기 때문이다.

(11) 유로파이터 타이푼 – 유럽을 대표하는 차세대 전투기

□ 배 경

1979년에 유로파이터 전투기 개발계획이 시작되었다. 당시 서독, 영국, 프랑스는 유럽형 전투기 개발계획인 ECF(European Combat Fighter)에 합의하였으며, 이탈리아도 이 계획에 참여하게 된다. 1981년 ECF 그룹 내 의견 차이로 프랑스가 이 계획에서 탈퇴하였다. 프랑스의 탈퇴 이후 1986년 6월 ECF는 EFA(European Fighter Aircraft)로 명칭이 바뀌게 되고 스페인이 새롭게 개발계획에 합류하게 된다. 그러나 개발계획은 냉전의 종식, 독일의 경제불황, 기술적인 문제 등으로 우여곡절을 겪었다. 이후 개발계획은 1992년 12월 EFA에서 유로파이터 2000으로 명칭이 바뀌었다.

1994년 3월 독일의 DASA(현 EADS 도이칠란드)사가 제작한 시험기인 DA1이 첫 비행에 성공한다. 1998년에는 유로파이터 2000이란 이름은 사라지고 유로파이터 타이푼이라는 제식명칭을 갖게 된다. 2003년 8월부터 유로파이터 타이푼 전투기는 본격적인 양산에 돌입하게 되고, 같은 해 10월 스페인 공군을 시작으로 각국 공군에 배치되게 된다. 유로파이터 전투기는 총 620여 대가 생산될 예정이다. 그러나 최근 유럽에 불어 닥친 경제위기로 생산대수가 줄어들 가능성이 있다. 개발에 참가한 4개국 외에도 오스트리아에 15대, 사우디아라비아에 72대가 수출되어 일부 운용 중에 있다.

□ 제원 및 성능

- 전장 : 15.96m
- 기폭 : 10.95m
- 기고 : 5.36m
- 자중 : 10.000kg
- 최대중량 : 17.000kg
- 최대무장적재량 : 6.500kg
- 추력 : 20.000lbs×2(max)
- 엔진 : E개 jet200 터보팬 엔진
- 최대속도 : 마하 2.0
- 실용상승고도 : 16.5km
- 항속거리 : 3.700km
- 전투행동반경 : 1.390km
- 활주거리 : 이륙 500m, 착륙 700m
- 중량가속한계치 : −3~+9g

□ 공중전 능력

유로파이터 타이푼 전투기의 성능상 가장 큰 특징은 뛰어난 공중전 능력이다. 구소련의 차세대 전투기인 Su-35/37에 대응하고자 근접교전과 가시거리 밖 교전 등 특화된 능력을 가지고 있다. 또한 장시간 초계비행이 가능하고 긴급발진 시 3분 안에 출격이 가능하도록 설계되었다. 생존성 향상을 위해 제한적이지만 기존 전투기보다 우수한 스텔스 성능을 갖추고 있다. 이를 위해 기체의 80% 이상을 비금속 재료인 복합재료를 사용하여 제작했고, 레이더 반사율이 가장 큰 엔진 공기흡입구 부분에는 레이더 전파를 흡수할 수 있는 레이더 전파 흡수재(RAM)를 사용하였다.

[그림 3-28] 유로파이터 타이푼 전투기의 최초 시험기

[그림 3-29] 훈련 중인 유로파이터 타이푼 전투기

유로파이터 타이푼 전투기의 뛰어난 공중전 능력은 세계 최강이라 할 수 있는 미 공군과의 훈련에서 빛을 발했다. 2005년 영국에서 벌어진 영국 공군의 유로파이터 타이푼 T1 복좌 훈련기 1대와 영국 레이큰히스(Lakenheath) 주둔 미 공군 F-15E 전투기 2대와 공중전 훈련에서 유로파이터 타이푼 T1 복좌 훈련기는 F-15E 전투기 2대를 격추시켰다. 2010년에는 스페인 캐널리 섬 상공에서 벌어진 스페인 공군과 미 공군의 공중전 훈련에서 스페인 공군 소속의 유로파이터 타이푼 전투기 2대가 미 공군의 F-15C 8대와 맞서, 비공식 기록이지만 격추된 기체수 0 : 7이라는 압승을 거두기도 했다.

□ 상시 초음속 비행이 가능한 슈퍼크루즈 능력

유로파이터 타이푼 전투기에서 주목할 만한 점은 슈퍼크루즈 비행이 가능하다는 점이다. 보통 전투기는 일시적으로 초음속의 속력을 낼 수는 있지만 지속적인 초음속 비행을 유지하는 것은 어려웠다. 음속 이상의 속력을 내려면 애프터버너 장치를 사용해야 되기 때문이다. 애프터버너란 제트 엔진을 통해 연소된 배기가스에 다시 연료를 투입하여 재연소시키는 장치인데, 사용할 경우 빠른 속력을 얻을 수 있지만, 연료소모량이 엄청나게 커지는 것이 단점이다. 반면 슈퍼크루즈 비행이란 최신기술을 이용해 애프터버너의 가동 없이, 정상적인 연료소모 범위 내에서 초음속을 내는 것을 말한다. 이는 전투기 속력의 혁신적 변화라고 할 수 있다.

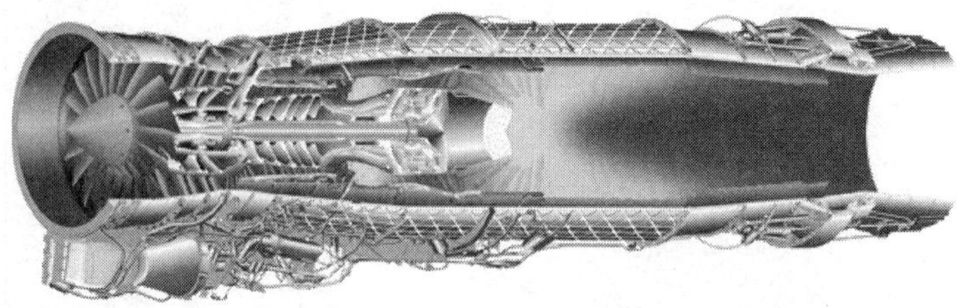

[그림 3-30] 유로파이터 타이푼 전투기에 장착된 EJ200 터보팬 엔진

현재 실전임무에서 슈퍼크루즈 비행을 할 수 있는 전투기는 F-22 전투기와 유로파이터 타이푼밖에 없다. F-22 전투기의 경우 효율이 좋은 제트 엔진과 무장을 동체 내부에 장착하는 방식을 통해 저항을 덜 받도록 제작된 기체 디자인에 그 비밀이 있다. F-22 전투기의 경우 마하 1.58의 속력으로 슈퍼크루즈 비행을 할 수 있는 반면 유로파이터 타이푼 전투기는 무장을 동체 외부에 장착하는 기존 전투기의 형상을 유지하면서도, 뛰어난 항공 역학 설계와 작지만 강력한 엔진 덕분에 슈퍼크루즈 비행이 가능하다. 유로파이터 타이푼 전투기는 무장장착 시 마하 1.2, 무장 미장착시는 마하 1.5로 슈퍼크루즈 비행이 가능하다.

□ 최첨단 전자장비와 조종석

슈퍼크루즈 비행 성능과 더불어 우수한 방어용 전자장비, 첨단화된 조종석도 특징이다. 유로파이터 타이푼 전투기의 조종사는 전투 시 조종석의 버튼 조작뿐만 아니라 음성으로도 직접 레이더, 디스플레이, 항법, 통신장비를 운용할 수 있다. 그리고 다기능 정보분배 시스템(MIDS)을 통해 전투기 외부로부터 수집된 각종 정보가 전투기에 탑재된 각종 센서로부터 입수된 정보와 서로 융합되어 조종사에게 시현된다. 융합된 정보는 조종석 전방의 전방시현기(HUD)뿐만 아니라 조종사의 헬멧 시현기(HMD)에도 시현되기 때문에 조종사는 신속히 정보를 받아들여 정확한 판단을 내릴 수 있다. 센서 융합, 데이터 융합이라 알려진 이 능력은 공중전시나 공대지 작전 시 조종사의 상황인식 능력을 크게 높여준다.

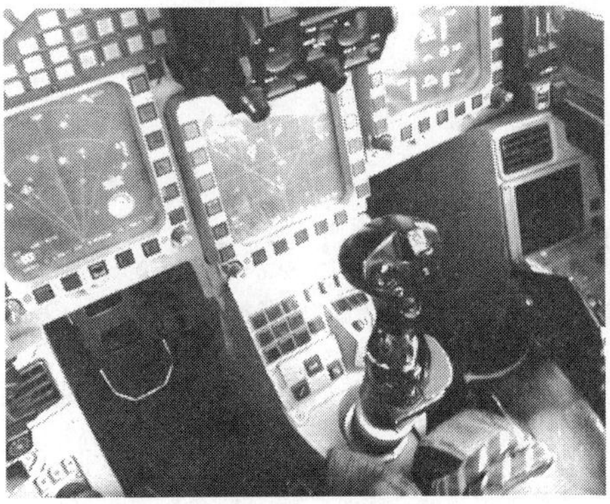

[그림 3-31] 유로파이터의 우수한 방어용 전자장비, 첨단화된 조종석

[그림 3-32] 유로파이터에 탑재 가능한 각종 무기들(공대공 위주)

□ 스윙롤 전투기로 진화하는 유로파이터 타이푼

뛰어난 공중전 능력을 가진 유로파이터 타이푼 전투기이지만, 공대지 능력이 부족한 것이 약점으로 꼽힌다. 다양한 임무를 수행할 수 있는 멀티롤(Multi-Role) / 스윙롤(Swing-Role) 전투기가 최근의 트렌드이기 때문이다. 따라서 유로파이터 타이푼도 이런 트렌드에 맞추어 공대지 작전 능력을 추가해 나가고 있다. 유로파이터의 넉넉한 기체 설계의 장점을 활용할 것으로 보인다.

공대지 작전 능력의 강화는 현재 진행 중이며, 사정거리 300km 이상의 스텔스 순항 미사일인 스칼프/스톰섀도우와 타우러스가 장착되며 스마트 폭탄인 강화형 페이브웨이 Ⅱ/Ⅲ/Ⅳ도 장착된다. 이후에는 지상의 이동하는 표적을 공격할 수 있는 헬파이어와 유사한 브림스톤 공대지 미사일이 장착될 예정이다.

• 유로파이터 타이푼, 토네이도의 뒤를 이은 멀티롤 전투기

유로파이터 타이푼은 저고도, 고고도, 아음속, 초음속 등 어떤 상황에서도 탁월한 기동성을 발휘함으로써 공대공 전투에서 공중우세를 확보하며 이를 기반으로 공대지 전투에 즉각 투입될 수 있는 전투기이다. 오늘날에는 마하 3~4급의 미사일과 전자전 시스템 등의 획기적인 발달로 말미암아 공중우세 혹은 제공권 개념 대신 공중지배(air dominance) 개념을 사용한다.

공중지배 개념은 멀티롤/스윙롤 전투기의 기본 성능으로서 이 성능이 확보되지 않으면 공대공 전투에 특화된 타 기종 전투기의 도움을 받아야만 한다. 세계 각국에서 차세대 전투기로 대체되어 가고 있는 4세대 전투기들인 F-15와 F-16 계열, 그리고 이 두 기종을 대체하기 위해 개발된 F-22와 F-35가 서로 다른 두 기종을 이른바 '하이-로우' 개념으로 묶어 운용하는 전투기들이다. 쉽게 말해, 한 개 기종으로 1회 출격을 통해 모든 작전을 수행하지 못하고 두 기종의 합동작전이 필요한 것이다.

유로파이터 타이푼은 설계 당시부터 멀티롤/스윙롤 전투기로 작전 성능이 부여된 전투기이다. 유로파이터 타이푼은 유럽 국가들이 이미 합동으로 생산하여 함께 운용하고 있는 최초의 멀티롤 개념 전폭기인 토네이도의 후속 기종이다.

유로파이터 타이푼의 계약서상 구매자는 나토 유로파이터 토네이도 운용 에이전시(NETMA : Nato Eurofighter and Tonado Management Agency)다. 4개국 국방부의 협의체인 이 기구의 이름에서 알 수 있듯이 유로파이터 타이푼 프로그램은 유럽 4개국이 이미 협력 개발생산한 토네이도의 뒤를 잇는 사업이기 때문에 처음부터 멀티롤 개념의 전폭기인 토네이도를 발전시킨 스윙롤 개념으로 설계된 기종이다.

유로파이터 타이푼은 설계 당시부터 향후 개발될 새로운 시스템을 손쉽게 통합할 수 있는 모듈화된 설계를 채택했고, 아울러 각 국가의 서로 다른 작전 요구를 충족시킬 수 있도록 개방형 설계 개념에 입각해 제작된 전투기이다. 제1단계 생산과정인 트랜치 1(Tranche 1)에서는 전투기에 요구되는 모든 작전 성능의 기본이 되는 공중지배에 중점을 두었을 뿐인 것이다. 유로파이터 타이푼이 F-22와 비교되는 것도 이 때문이다.

유로파이터 타이푼 측은 원래의 로드맵에 입각하여 트랜치 2, 3(Tranche 2 and 3) 생산을 허가했고 이에 맞추어 독자적으로 새로운 미사일, AESA 레이더 등 전자전 시스템, 함재기 버전과 추력편향기술, 컨포멀 연료탱크(CFT) 추가 등을 진행했다.

유로파이터 타이푼은 미사일 업체인 MBDA와 세계적인 엔진 업체 롤스로이스, 그리고 항공전자의 톱클래스 기업인 이탈리아의 Selex와 영국의 BAEs 등의 협력을 통해 생산되는 기종임을 잊지 말아야 할 것이다.

• 공중지배

공중지배를 확보하기 위하여 유로파이터 타이푼은 초음속의 BVR 미사일과 아음속의 WVR 미사일을 조합하여 어떤 상황에서도 최소 6발을 장착하고 출격한다. 최대 10기까지 확장이 가능하다.

이러한 무장탑재량은 유로파이터 타이푼보다 훨씬 크고 무거운 기체를 지닌 F-22 랩터와 동일한 수준이다. 유로파이터 타이푼에는 스텔스기도 격추시킬 수 있는 능동형 레이더 추적 및 이중 신관 성능을 갖춘 MBDA의 덕티드 엔진 미사일인 미티어(Meteor)가 장착될 예정이다.

유로파이터 타이푼은 이 세 가지 측면 모두에서 가장 우수한 능력을 보유하고 있다. 공중지배가 목적인 경우 유로파이터 타이푼은 6발의 BVRAAM과 4발의 SRAAM의 미사일 조합을 장착할 수 있는 유일한 전투기이다. 13개소의 하드포인트 중 나머지에는 1,000리터짜리 외부 보조 연료통이 탑재된다.

• 유로파이터 자체 방어 시스템 PIRATE

스텔스 기능의 치명적인 취약점들 중 하나는 개발생산과 유지보수 단계에서 상상을 초월하는 기술적 어려움과 막대한 비용이 요구된다는 점이다. 예를 들면, B-2 Spirit 폭격기는 대당 20억 달러가 훌쩍 넘는 항공기로서 제한적인 스텔스 기능을 갖춘 B-1B와 비교해 12배 이상 비싼 비행기이다. 추적, 사격 통제 레이더와 같은 높은 주파수(5GHz 이상) 대역에서는 레이더파 흡수재의 두께가 몇 밀리미터 이내여도 충분하기 때문에 전파흡수도료인 램(RAM)을 도포하는 정도로도 스텔스 성능을 구현할 수 있다. 하지만, 더 낮은 주파수 대역에서는 램이 항공기의 무게와 부피를 감당할 수 없을 정도로 두꺼워지고 만다.

이러한 설계상의 어려움 이외에도, 램 도료는 스텔스 기능을 유지하기 위해 정기적인 점검과 보수가 세심하게 이루어져야 하는데 이 작업 역시 많은 시간과 비용이 소요된다. 램 도료는 매우 민감한 물질이며 악천후 등의 상황에서는 제 성능을 발휘하지 못하곤 한다. 스텔스 기능을 유지하기 위해 감수해야 하는 느린 속도, 고고도 비행 불가, 제한된 무장탑재량 등의 약점을 제외하더라도, 스텔스에 과도한 비중을 둔 전투기들은 항공역학을 희생한 대가로 무시할 만한 수준을 넘어선 엄청난 연료를 소비해야 한다.

현재로서는 F-22를 제외한 어떠한 전투기도 100% 스텔스 전투기로 부를 수 없는 이유가 여기에 있다. 무장과 연료탱크를 외부에 달면 그 때부터 제한적인 스텔스 성능마저 사라지고 말며, 제한적인 것일망정 스텔스 성능을 유지하기 위해서는 작전반경과 무장을 희생해야만 한다. 이는 전투기 운용에 치명적인 제한을 가하는 피해야 할 요소들이다. 또한, 슈퍼크루즈 성능이 없는 전투기들의 경우 재연소 시 방출되는 레이더파와 적외선을 피하기 어렵다.

• 대 스텔스 탐지기술의 발달

전투기와 함정 등에 적용된 스텔스 성능을 단순한 기술만의 문제가 아니라 무기의 성능 및 임무 효과를 극대화하면서 생존성을 높일 수 있다는 측면에서 접근하는 전술적 개념이다. 이 말은 스텔스가 어디에나 적용될 수 있는 만병통치약 같은 것이 아니며 독립된 성능이 아니라는 것을 의미한다. 또한 스텔스가 새로운 테크놀로지의 성과임에는 틀림없으나 약점과 제한 사항들을 갖고 있는 상대적 성능임을 일러준다.

세계 각국은 스텔스 성능과 함께 대 스텔스 기술을 동시에 개발하고 있으며, 대표적인 예가 저주파(장파장) 레이더 기술, 바이스태틱(Bistatic)/멀티스태틱(Multistatic) 레이더 기술, 수동형 센서 기술 그리고 마지막으로 공중 조기경보기(AEW&C)의 메사(MESA, Multi-role AESA) 등을 들 수 있다.

일부에서는 휴대전화인 셀폰과 일반 TV, 그리고 FM 송수신파로도 스텔스 성능의 물체를 탐지할 수 있다고 하며 실제로 개발 중인 곳도 있다. 하지만 무엇보다 스텔스 성능에 위협적인 것은 향후 도래한 유·무인기 혼용의 미래전이 네트워크 중심으로 전개되는 전혀 새로운 전쟁이 될 것이라는 점이다.

이지스함, 지상의 대공 레이더망, 공중 조기경보기, 고고도 무인 정찰기 그리고 센서 융합, 데이터 링크, AESA 레이더와 적외선 탐색 및 추적장치 등을 갖춘 전투기 자체의 전자전 성능 등이 하나의 치밀한 그물망, 즉 네트워크를 형성하는 상황에서 과연 스텔스 성능이 "눈에 보이지 않는 전투기"라는 의미를 유지할 수 있을지 의문이 아닐 수 없다.

한국에 도입되기 시작했고 이미 호주와 터키에서도 운용 중인 보잉사의 '피스아이(Peace-Eye)'에는 언제나 '공중조기경보통제기(AEW&C)'라는 긴 이름이 붙어 다닌다. 대당 4억 달러가 넘는 이 전자전기에 통제기라는 수식어가 붙는 이유는 유사시에 중앙방공통제소(MCRC) 기능을 함께 수행할 수 있기 때문이다.

다시 말해, 한번 이륙하면 8시간 동안 작전이 가능하고 공중급유 시 20시간 상공에 체류할 수 있는 피스아이는 전후좌우 360도는 물론이고 상하로 레이더를 주사함으로써 F-22를 포함한 스텔스기를 포함한 모든 정지 혹은 이동 물체를 탐지, 추적하고 그 정보를 개별 전투기들에게 분배함으로써 작전을 통제할 수 있는 것이다. 전투기들은 이 데이터를 수치, 텍스트, 이미지 등의 각종 형태로 수신하여 선제 대응 작전에 돌입할 수 있다.

F-22를 제외한 현존하는 모든 전투기들은 전방에서 발사된 X-band에만 제한적인 스텔스 성능을 갖춘 전투기들이다. 스텔스 기술이 유인기와 플랫폼 위주의 전투에서 유·무인기 혼용과 네트워크전으로 넘어가는 시기에 개발된 과도기적 기술이라는 것을 고려할 때, 이 전투기들은 스텔스 기술에 발목이 잡힌 잘못된 설계개념의 희생물이라고 할 수 있다.

• 유로파이터 타이푼의 저 피탐지성과 고기동성

유로파이터 타이푼은 스텔스 성능을 확보하기 위해 탄력적인 무장탑재 능력, 조종기능, 기체성능 등을 결코 희생하지 않은 '균형 잡힌 설계'에 입각해 개발된 전투기로서 유럽인들의 실용주의적인 합리성이 그대로 녹아 들어간 전투기이다.

• 유로파이터 타이푼의 주요 피탐지성 저감 성능

1) 육안식별

우선 최신의 경량 설계로 이루어진 작은 기체와 무연 엔진의 조합을 통해 유로파이터 타이푼은 육안으로 쉽게 식별할 수 없는 특징을 갖고 있다.

2) 레이더 반사

유로파이터 타이푼의 기체는 흔히 스텔스 디자인으로 간주되는 지그재그식 예각 형상을 갖추고 있지 않다. 대신 공기흡입구, 조종석과 전면유리 부분에 스텔스 기술을 적용하여 모든 방향에서 레이더 반사 에너지를 최소화하도록 설계되었다. 그러면서도 낮은 항력(抗力)과 높은 양력과 같은 항공역학적 밸런스를 충족시키도록 설계되었다. 이렇게 적은 양의 레이더 신호만을 반사하는 기체와 첨단성능의 전자전 시스템이 조화를 이룬 유로파이터 타이푼은 탁월한 생존성을 지닌 전투기로 태어나게 되었다.

3) 패시브 시스템

유로파이터 타이푼은 적외선 탐색 및 추적 장치인 IRST, 패시브 레이더 시스템, 차세대 장거리 공대공 미사일인 ALRAAM(Advanced Long Range Air-to-Air Missiles), 첨단 단거리 공대공 미사일인 ASRAAM (Advanced Short Range Air-to-Air Missiles) 및 헬멧 장착 조준 시스템 등을 갖추고 있어서 조종사는 적기가 유로파이터 타이푼의 존재를 인식하려고 시도하는 사이 다양한 전자전 시스템들을 통해 적기를 먼저 탐지, 식별, 타격할 수 있다. 동시에 유로파이터 타이푼에는 적외선 전방주시장치인 FLIR(Forward Looking Infra-Red)과 야간투시장치가 탑재되어 있어서 조종사는 주야간을 불문하고 어떤 기상조건하에서도 자신의 존재를 노출시키는 하등의 전파를 발산하지 않으면서 지상의 적을 "먼저 보고, 먼저 쏠 수 있다".

4) 자체 방어 장비들

유로파이터 타이푼의 전자전 시스템과 자체 방어 시스템은 다양한 패시브 모드를 갖고 있으며 이를 통해 자신을 적에게 노출시키지 않으면서 적의 전파를 탐지해낼 수 있다. 유로파이터 날개 끝에 자체 방어시스템(DASS)을 조립하였다.

5) 슈퍼크루즈 성능

엔진은 재연소 없이도 급가속이 가능하며 초음속 상태를 유지할 수 있는 슈퍼크루즈 성능을 통해 유로파이터 타이푼은 어떤 전투상황에서 어떤 목표물을 상대해도 기동성 면에서 우위를 점할 수 있다. 뿐만 아니라, 미티어 미사일 같은 마하 4급 속도, 사정거리 100km 이상의 장거리 BVR 미사일을 장착함으로써 적기에서 멀리 떨어진 작전반경을 확보함은 물론이고, 적외선 센서들을 활용함으로써 피탐지성을 획기적으로 줄였다.

6) 송수신

무선신호는 전투기의 존재와 위치를 노출시킨다. 그러나 유로파이터 타이푼은 음성을 통해서 정보를 수신할 수 있으며 동시에 목표물 정보와 같은 데이터를 데이터 링크 형태로 받을 수 있어 무선 송수신을 피할 수 있다. 또한 항공기 간에 이루어지는 송수신 역시 데이터 링크를 통해 획득되기 때문에 자연히 무선교신의 필요성을 최소화할 수 있다.

기체 내부와 온보드 시스템 설계에 탑재되어 있는 이러한 기능들은 조종석의 서포트를 받음으로써 조종사는 명료한 전술영상을 얻을 수 있고 지속적이면서도 순간적으로 기체로부터 발생하는 전파를 통제할 수 있다. 유로파이터 타이푼 조종사는 완벽할 정도로 전투기를 '조용하게'

조종할 수 있는 것이며 작전임무 수행 내내, 함께 작전에 투입된 아군의 타 전투기들과는 물론이고 자체 내의 패시브 센서들 사이에서도 목표물 정보 등을 주고받을 수 있다. 유로파이터 타이푼 기체 자체의 스텔스 성능 역시 적의 탐지로부터 기체를 보호한다.

이러한 스텔스 성능과 전자전 시스템들을 통해 유로파이터 타이푼은 고생존성을 확보하고 있으며 고밀도의 전자전 환경 속에서도 지상과 공중의 통제기지의 도움 없이도 독자적으로 작전을 수행할 수 있다. 현존하는 타 기종에 비해 우수한 편대 운용 효율성을 지니고 있는 유로파이터 타이푼은 어떤 기준으로 평가해도 낮은 피탐지성을 갖추고 있는 전투기라고 할 수 있다.

• 유지비용의 정의와 동향

대부분의 항공기들은 초음속 비행을 위해 흔히 애프터버너(Afterburners)로 재연소기능을 사용한다. 재연소가 가능한 엔진은 배기기관 부위에서 발생하는 전형적인 저압력으로 인해 비효율적이다. 따라서 재연소 없이 초음속 순항이 가능한 슈퍼크루즈 성능을 지닌 항공기는 이런 단점을 극복한 보다 내구성이 강화된 엔진을 사용하며 초음속을 내기 위해 재연소기능을 사용해야 하는 항공기에 비해 연료를 훨씬 덜 사용하게 된다. 이는 항공기가 그만큼 적은 연료를 필요로 한다는 것을 의미하고 운항에 영향을 미치는 기체 중량을 감소시키는 효과를 가져오며 설계 시 전체 기체를 경량화할 수 있게 한다.

재연소 없이 초음속을 내는 슈퍼크루즈 성능은 스텔스성을 확보하고 고속의 순항 능력과 급가속의 전투력을 동시에 확보하기 위해서는 슈퍼크루즈 기능을 필수적으로 갖추어야만 한다.

미 공군은 F-16을 개발할 당시 슈퍼크루즈 성능을 부여하려고 했으나, 재연소 없이 마하 1 정도의 초음속을 20분간 유지하는 데 연료를 40% 이상 더 소비해야만 했고 열악한 전자기술 때문에 포기하였으나 F-22를 제작할 때가 되어서야 비로소 슈퍼크루즈 성능을 부여할 수 있게 되었다.

현재 전 세계적으로 슈퍼크루즈 성능을 내는 엔진은 F-22에 탑재되는 Pratt & Whitney사의 F119와 유로파이터 타이푼에 탑재되는 EJ200 터보팬 엔진, 그리고 프랑스 라팔의 M-88 등의 엔진밖에 없다.

특히 유로파이터 타이푼은 외부에 무장을 장착한 작전 상황에서도 마하 1.3의 속도로 슈퍼크루즈 성능을 발휘할 수 있다.

• 유로파이터 타이푼 엔진 EJ200의 '추력편향' 성능

EJ200 터보팬 엔진은 현재 1,382대가 생산되어 유로파이터 타이푼에 공급되었다. 최근에는 유로파이터 타이푼 3단계(Tranche 3)에 공급될 성능이 개량된 500대의 엔진이 추가 주문되었다. 이 엔진에는 이미 개발된 트러스트 벡터링, 즉 추력편향 기술(TVT : Thrust Vectoring Technology)이 추가될 예정이다. 추력편향 성능은 전투기의 기동성과 추력 증대에 5~10% 정도 기여를 하며 고기동 전투기의 대명사인 유로파이터 타이푼은 이 기술이 접목됨으로써 그 어떤 전투기도 따라올 수 없는 적은 각도에서의 급선회와 회피 기동 및 저고도 침투작전에서 놀라운 성능을 발휘할 수 있게 되었다.

• 유로파이터 타이푼의 고기동성을 결정하는 요소

1) 기체 설계

유로파이터 타이푼은 기체를 의도적으로 불안정한 항공역학적 상태에 두게 하는 전방 카나드익과 델타익으로 이루어진 설계를 채택하고 있다. 전방 카나드익과 델타익으로 이루어진 이런 설계를 통해 유로파이터 타이푼은 다음과 같은 기동성을 확보할 수 있다.

2) 비행제어 시스템 (FCS)

유로파이터 타이푼은 고도의 항공역학적 불안정성을 자동으로 통제할 수 있는 최신의 4중 디지털 플라이-바이-와이어 조종 시스템(Quadruplex Digital Fly-By-Wire System)을 탑재하고 있다. 이 조종 시스템이 없다면 기체를 통제할 수가 없다. 조종 시스템에는 자동조종 시스템이 포함되어 있으며 이를 통해, 저속 자동복구(Low Speed Auto Recovery), 긴급

'g' 중단(Emergency 'g' Override), 'g' 차단('g' Onset Limitation), 항로이탈 복구 성능(DORC : Dis-Orientation Recovery Capability), 자동복귀기능(Automatic Reversion)이 발휘된다. 자동조종 시스템은 1초에 50번 미세 작동하면서 기체를 정상 상태로 회복시킨다.

유로파이터 타이푼 이전의 기존 전투기에서 조종사는 어떤 비행단계에서 어떤 한계가 적용되는지를 숙지하고 있어야만 하며 한계 내에서만 비행을 하도록 각별히 유의해야만 한다. 이 한계들을 준수하는 것 자체가 조종사에게는 작전임무 수행 초기부터 매우 성가신 또 하나의 임무인 것이다. 하지만 유로파이터 타이푼의 비행제어 시스템은 조종사의 요구를 수용하면서 비행기를 항공역학적, 구조적 한계에 즉각적으로 반응하도록 유도한다. 유로파이터 타이푼 조종사에게는 작전임무가 우선인 반면, 기존 전투기들의 조종사에게는 기체가 우선인 것이다.

4세대 구형 전투기가 두 명의 조종사를 필요로 하는 복좌기인 이유가 여기에 있다. 유로파이터 타이푼의 자동조종 시스템은 심지어 유로파이터 타이푼을 충분히 경험하지 못한 조종사에도 기체가 지니고 있는 성능을 최대로 활용할 수 있도록 해준다.

유로파이터 타이푼의 특별히 설계된 승무원 장비(AEA : Aircrew Equipment Assembly)를 통해 조종사는 기존의 장비를 사용하는 전투기 조종사보다 더 오랜 시간 동안 육체적 스트레스와 전투 시의 긴장을 견디어낼 수 있다. 압축 호흡기와 조합되어 있는 유로파이터 타이푼의 완벽한 'g' 슈트는 지속적인 하이 'g'와 돌발적인 하이 'g'의 영향을 경감시킴으로써 만일의 경우에 대비하는 조종사의 업무부담을 획기적으로 경감시킨다.

3) 중량 대비 고(高)추력의 엔진, EJ200의 성능

유로파이터 타이푼은 중량 대비 고(高)추력(High Thrust-to-Weight Ratio)의 엔진 성능에 힘입어 고기동성을 확보하고 있다. 이는 놀라운 가속 성능과 엔진 자동통제장치 등을 갖추고 있는 EJ200 엔진 덕택이다.

4) 카본복합소재 등 신소재 채택으로 경량화된 기체

대대적으로 카본복합소재(탄소복합소재)를 대폭 사용한 결과 기체 프레임과 엔진의 크기가 타 전투기보다 10~20% 정도 작으며 무게는 무려 30% 정도 가벼운 전투기다. 이 역시 유로파이터 타이푼의 고기동성에 기여하며, 자동조종 시스템도 유로파이터 타이푼의 구조 경량화에 기여했다. 유로파이터 타이푼의 설계자들은 자동조종 시스템 덕택에 기존 전투기들이 안정성 확보를 위해 보강해야만 했던 많은 구조물들을 기체에 추가할 필요가 없었기 때문이다. 유로파이터 타이푼이 전투기의 중요한 전투력 중 하나인 추력 대 중량비에 있어 타 전투기를 압도할 수 있는 이유 중의 하나도 바로 이 기체 경량화다.

- 탄소복합소재(CFC : Carbon Fibre Composites) 70%
- 유리섬유강화플라스틱(GRP : Glass Reinforced Plastic) 12%
- 금속 : 알루미늄 합금, 티타늄 합금(Aluminium Alloy, Titanium Alloy) 15%
- 기타 3%

5) 유로파이터 타이푼 고기동성의 전투 유효성

아음속/초음속 상황에서 짧은 반경의 즉각 선회와 지속 선회 성능 확보를 통해 공중우세 확보, 순간가속 성능을 통한 신속한 회피 기동과 공중전 시의 유리한 지점 선점, 항력감소를 통한 조종면적 감소와 이를 통한 경량 설계 및 조종업무 경감, 단거리 이착륙, 긴급 발진이 가능하며 1980년대에 개발 생산된 거대한 기체의 전투기들과는 달리 대규모 비행장 건설의 필요성이 사라진다. 그 결과 유로파이터 타이푼은 초음속, 아음속 선회 성능에 있어 기존의 모든 전투기보다 월등한 성능을 발휘한다.

□ 실전사례

유로파이터 타이푼은 서방진영의 모든 군과 공동작전이 가능한 100% 호환성을 갖춘 전투기이며, 최근 리비아에서 전개된 나토(NATO) 연합

작전에 참전한 사실이 입증하듯이, 통신, 데이터 링크, 무장 등 군사작전의 필수 영역에 있어 미국을 비롯한 모든 서방진영의 전투기, 함정, 지상기지와 100% 작전 호환성을 갖추고 있다.

유로파이터 타이푼을 공동 개발, 생산하는 영국, 독일, 이탈리아, 스페인 4개국은 나토(NATO : North Atlantic Treaty Organization), 즉 북대서양조약기구 회원국들로서 유럽연합전력최고사령부(SHAPE : Supreme Headquarters Allied Powers in Europe)의 군사적 지휘와 통제를 받는다. 나토는 대서양을 사이에 두고 있는 서방국가들의 국제 정치 · 군사 조직으로서 북미대륙의 미국과 캐나다도 나토 회원국이다.

따라서 대서양을 중심으로 북미대륙과 유럽이 동일한 군사적 행동을 취할 수 있는 것이며 무장, 데이터 링크를 비롯한 통신체계 등에 있어 100% 호환성을 갖추고 있다. 유로파이터 타이푼을 운용하는 오스트리아는 나토 회원국은 아니지만 유럽연합(EU) 회원국으로서 공통된 안보방위 개념과 전략을 갖고 있다.

유럽 4개국이 공동으로 개발, 생산, 운용 중인 유로파이터 타이푼이나 프랑스가 개발한 라팔은 미국, 캐나다 등 북미의 같은 나토 회원국들이 운용 중인 타 기종들과 100% 호환되는 무장, 데이터 송수신, 데이터 링크 시스템 등을 갖추고 있다. 이는 지극히 당연한 일이다. 미국의 F-22, F-15, F-16, F-18 기종에 탑재되는 모든 미사일과 정밀 유도 무기들은 그대로 유럽 전투기들에도 장착할 수 있다.

한국이 인도네시아에 수출하는 T-50과 전술 입문기인 TA-50 그리고 FA-50에도 탑재되는 데이터 링크(Link-16)는 미 해 · 공군은 물론 유로파이터 타이푼에도 그대로 탑재된다. 최근의 리비아 합동작전 등 여러 차례에 걸친 미국과 유럽의 국제합동작전이 바로 유럽 전투기와 미국 전투기들 사이의 100% 호환성을 입증해 준다. 유로파이터 컨소시엄에 참가하고 있는 스페인 역시 유로파이터 타이푼과 함께 F/A-18E/F Super Hornet을 운용하고 있다. 이는 호환성이 보장되지 않는다면 불가능한 일이다.

• **개방형 설계**

향후 50년 동안의 운용을 전제로 설계된 차세대 전투기인 유로파이터 타이푼은 지속적인 업그레이드가 가능한 전투기이다. 수명주기 내내 신기술을 추가할 수 있도록 설계되어 언제든지 미래의 작전 요구에 부합하는 성능 개량이 가능한 유로파이터 타이푼은 진정한 21세기형 전투기이다. 이는 전자전 성능만이 아니라 엔진에도 적용된다. 유로파이터 타이푼의 EJ200 엔진도 미래의 엔진 기술을 접목받아 전체적으로 15% 정도의 업그레이드가 가능하며 압축 시스템과 핵심 엔진 기술 등을 업그레이드하여 30% 향상된 추력을 낼 수 있다.

성능개량은 추력을 향상시킬 뿐 아니라 엔진 수명을 연장시키기도 한다. 이와 같은 모든 성능개량이 가능한 개방형 설계의 핵심은 디지털 엔진 제어 및 모니터링 시스템(DECMU : Engine Control and Monitoring Unit)이다. 이 시스템은 엔진 자체에 통합되어 있는 디지털 전자제어 유닛(DECU : Digital Electronic Control Unit)과 동체에 탑재되어 있는 엔진 모니터링 유닛(EMU : Engine Monitoring Unit)으로 구성되어 있다.

유로파이터 타이푼의 개방형 설계에는 유로파이터 타이푼의 AESA 레이더 Captor-E도 포함된다. 유로파이터 타이푼에는 원래 Captor-M으로 불리는 기계식 레이더 ECR-90이 장착되어 있었으나, 개발이 완료된 AESA(Active Electronically Scanned Array)레이더인 Captor-E로 교체될 예정이다.

기계식 캡터 레이더도 이미 전투기 업계에서는 기계식 레이더의 정점으로 칭송되는 동급 최고 성능의 레이더다. 1997년의 시험 평가에서는 160km 거리에 있는 목표물을 추적하는 성능을 보였으며, 최대 20개의 표적을 동시 추적할 수 있다.

기계식 레이더 Captor-M의 성능에 AESA 기술이 추가됨으로써 유로파이터 타이푼의 레이더 성능은 비교할 수 없을 정도로 강화되었다.

- **저비용 군수유지 시스템 IWSSS(International Weapon System Support System)**

유로파이터 타이푼 개발과 생산에 참여한 기업들은 수명주기(Life Cycle) 동안 증가하게 마련인 군수지원 경비를 경감시키기 위해, 프로젝트 시작단계에서부터 '유로파이터를 운용하는 모든 국가에 공통으로 적용 가능한 통합 군수지원 시스템'에 작전 성능과 동일한 수준의 우선권을 두었다.

전투기의 작전 성능과 군수지원 전반에 걸친 이러한 접근 결과로 탄생한 유로파이터 타이푼은 이전의 모든 군수지원 기대치를 상회하는 결과를 보여주었다. 전례 없는 신뢰성, 낮은 유지비와 대폭 경감된 물류 인력을 갖추게 된 유로파이터 타이푼은 효율성은 물론, 1회 출격으로 여러 임무를 수행할 수 있는 스윙롤 전투기로서의 성능을 한 단계 높일 수 있었고 아울러 전 세계를 무대로 한 신속한 전개 능력도 확보할 수 있게 되었다.

유로파이터 타이푼 컨소시엄에 참여한 4개국은 전투기의 성능과 단계별 생산계획에 대해 의견을 모으는 한편, 무엇보다 수명주기비용 혹은 소유유지비용을 절감해야 하는 정치적 · 경제적 상황으로 인해 이 부분에 모든 기술을 집중했다. 이 경비절감 계획안에는 지상지원부대, 정비장비, 물류 시스템 등에 대한 계획들이 망라되어 있는데, 그 결과 45분 만에 50%의 정비를 마칠 수 있고 3시간 안에 95% 정비가 완료될 수 있는 획기적인 유지보수 시스템을 갖출 수 있었다.

한 예로 엔진 교체는 4명으로 이루어진 1개 팀이 45분 만에 완료할 수 있도록 했다. 이는 전체 수명주기비용 중 유지보수비가 차지하는 비율이 47%에 지나지 않아 가장 경제적인 전투기 운용 사례로 꼽히는 영국 공군(RAF)의 경우보다 훨씬 더 저렴한 시스템이다.

1) 군수지원

계획된 유지보수 일정으로 인한 낮은 경비지출 이외에도 예측을 가능하게 하는 빌트인 시험장비들의 확대 사용과 무장 시스템의 높은 신뢰성을 통해 유로파이터 타이푼은 현재 운용 중인 전투기들과 비교하여 유지보수 인력과 시간을 반 이상 줄였다.

2) 효율성

유로파이터 타이푼 기체 자체의 높은 신뢰성과 유지보수의 용이성 그리고 신속한 재투입 시간과 작전 전개의 용이성을 통해 유로파이터 타이푼은 높은 수준의 전투대기 능력을 갖추고 있다.

3) 운용성

수명주기비용은 개별 공군의 수요와 재고에 맞추어 최적화된 탄력적이고 효율적인 지원 시스템을 통해 최소화되어 있다.

4) 무장 시스템 운용 지원

유로파이터 타이푼 운용국들은 국제 무장 시스템 지원 시스템인 IWSSS(International Weapon System Support System)의 회원 자격을 갖추고 무장 시스템을 향상시킬 수 있으며 IWSSS는 국가별 지원 시스템과도 연계되어 있다. IWSSS의 회원이 됨으로써 모든 유로파이터 타이푼 운용국가는 중앙 공군/산업체 관리기구(The Central Air Force/Industry Management Organisation)에 언제든지 참여할 수 있다.

5) 훈련

유로파이터 타이푼은 컴퓨터 훈련실에서부터 통합작전 시뮬레이터 네트워크에 이르기까지 다양한 조종사와 지상요원 훈련장비들을 갖추고 있다. 이를 통해 공군은 종합상황 속에서 행해지는 전투준비훈련의 완성도를 30% 이상 높일 수 있다. 이로 인해 단좌기인 유로파이터 타이푼에는 조종사 개인별 전용기 개념이 없으며 많은 수의 예비 조종사도 필요 없게 되었다. 구세대 복좌기나 개인별 전용기가 있는 경우와 비교하면 인력과 훈련 등에서 큰 차이가 남을 쉽게 알 수 있다.

리비아 전에서도 영국 공군 소속 11명의 조종사가 6대의 유로파이터 타이푼을 운용하며 리비아군의 이동식 공대공 미사일 발사 차량과 전함 등을 완벽하게 타격한 바 있다.

6) 지상운용

첨단 테스트 및 진단 기능들을 빌트인 형태로 기체 내부에 탑재함으로써 유로파이터 타이푼은 기존 전투기에 비해 획기적으로 지상지원장비(GSE : Ground Support Equipment)를 줄일 수 있었다. 지상에 있는 유로파이터 타이푼의 최첨단장비들은 전투기와 동일한 엄격한 기준들에 의해 개발된 것들로서 이를 통해 성능과 신뢰성을 극대화시킬 수 있다. 개별 국가 공군의 요구에 맞추어 지상장비를 유지하도록 되어 있으며 이 작업은 GSE나 산업체의 지원 시스템에 의해 지원된다.

7) 지상지원 시스템(GSS : Ground Support System)

지상지원 시스템은 모든 유로파이터 타이푼 운용국들에게 가장 앞선 서비스와 엔지니어링 데이터들을 제공한다. 이를 통해 지원 센터와 기체 간에 신속하고도 지속적인 양방향 데이터 송수신이 가능하다. GSS는 국가지원 센터 및 산업체와 연계되어 있으며 이로써 온라인을 통한 지속적인 데이터 및 정보 송수신이 가능하다.

8) 기술 지침서 출간 T

구조화된 데이터 모듈을 확립하기 위해 기술 지침서가 출간되었으며, 이를 통해 개별 공군의 요구에 신속하게 응할 수 있게 되었고 나아가 문서가 필요 없는 조종석과 유지보수 환경을 만드는 기초를 제공했다.

9) 전개 능력

유로파이터 타이푼은 프로젝트 초기 단계에서부터 지상지원장비의 공수를 최소화함으로써 전 세계를 상대로 신속한 전개가 가능한 기종으로 설계되었다.

□ 멀티롤/스윙롤에 대한 일반적 정의

멀티롤, 즉 다목적 개념은 유로파이터 타이푼에 앞서 유럽 여러 나라들이 1960년대 말, 토네이도(Tornado)를 공동 개발할 당시 처음 적용한 항공작전 개념이다. 당시 토네이도기는 MRA(Multi-Role Aircraft)라고 불렸다. 사전적 정의에 따르면 공중우세를 확보하기 위한 공중전기능과 지상공격을 동시에 수행할 수 있는 이중 성능을 지닌 항공기를 뜻한다.

현대의 모든 전투기는 멀티롤 개념에 입각해 설계 제작된다. 토네이도의 뒤를 잇는 차세대 전투기로 개발된 유로파이터 타이푼은 처음부터 공대공, 공대지, 공대함 성능을 지닌 멀티롤 전투기 개념으로 설계되었으며, 트랜치 2, 3 단계를 거치며 공중우세기 개념에서 공대지 타격과 정찰 기능까지 갖춘 다목적 전투기로 제작, 운용되고 있다.

유로파이터 타이푼은 멀티롤, 즉 다목적 전투기에 머물지 않고 한발 더 나아가 스윙롤 전투기로 제작, 활용되고 있어 진정한 차세대 전투기로서의 면모를 보여준다. 스윙롤은 전투기가 기지 귀환 없이 1회 출격으로 작전현장에서 수시로 임무를 전환하며 새로운 작전에 투입되는 개념을 말한다.

유로파이터 타이푼은 세계 최강의 스윙롤 전투기이다. 이는 유로파이터 타이푼이 임무별로 소요되는 다양하고도 엄청난 무장을 탑재할 수 있는 폭장 능력과 이를 운용할 수 있는 전자전 시스템 그리고 무엇보다 고연비와 넓은 작전반경을 가능하게 하는 탁월한 성능의 엔진을 갖추고 있음을 의미한다. 실제로 유로파이터 타이푼에는 13개소의 외부 무장 및 보조연료 장착점이 있으며 이는 현존하는 최강의 전투기로 평가되는 F-22 랩터의 무장 능력과 동일한 수준이다.

스윙롤 전투기는 평상시의 군수유지와 전시의 작전비용을 획기적으로 절감할 수 있는 경제적 이득까지 가져다준다.

□ 스텔스의 정의

저피탐지 기술(Low Observable Technology)라고 하는 스텔스 기술이란, 군항공기, 군함, 미사일 등이 적군의 탐지장비에 가능한 한 적게 감지되도록 하는 기술을 말한다. 적군이 레이더파를 발사하는 경우, 반사되는 레이더파의 양을 줄이거나 반사각도를 조절하여 다른 방향으로 산란시키기도 하고, 레이더파 자체를 흡수하는 특수물질인 램(RAM : Radar

Absorbent Material)을 사용하여 레이더 반사 면적(RCS : Radar Cross Section)을 줄임으로써 스텔스 성능을 확보한다.

반사되는 레이더파의 양을 줄이거나 각도를 조절하기 위해서 스텔스 기술을 적용한 대표적인 항공기들인 F-117, F-22 등에서 보듯이, 기체 설계를 특수하게 해야 하며 아울러 무장과 보조 연료통을 내장시켜야 하기 때문에 전투기는 작전반경과 무장 능력에 상당한 제한을 받게 되며, 자연히 무장 능력을 유지하기 위해 기체 전체가 크게 된다. 또한 강한 추력이 필요해 엔진 역시 상당히 큰 엔진을 장착해야 한다.

레이더파 이외에도 아군의 교신 시 발산되는 송수신 전자파, 그리고 엔진과 기체 표면의 마찰열 등에서 방출되는 열도 중요한 추적 대상이다. 따라서 스텔스 성능을 확보하기 위해서는 이와 같은 전자파와 열이 노출되는 것을 피해야 한다.

• 레이더와 무선 송수신 전자파 등에 대한 통제

대전자전 시스템인 ECM(Electronic Counter Measures)에는 적외선 탐색 및 추적 시스템인 IRST(Infra-Red Search and Track)도 포함된다. 슈퍼크루즈 성능이나 비행기의 기동성뿐만이 아니라 스텔스 성능 확보에도 중요한 역할을 한다.

• 유로파이터 수직미익에 장착된 미사일 접근경고 시스템

비행기가 초음속으로 비행하기 위해 엔진을 재연소시키면 거대한 열기둥이 형성되어 레이더파와 열이 발산되는데, 이 레이더파와 열은 적의 탐지망에 쉽게 걸린다. 따라서 재연소 없이 초음속 순항을 하거나 순간가속을 할 수 있는 슈퍼크루즈 성능을 갖춘다는 것은 스텔스 성능을 확보하는 데 중요한 요소다. 스텔스 기술 개발은 1950년대 말 미국 정찰기 U-2기가 소련에 의해 적발되는 사건으로 탄력을 받게 된다. 최초의 완벽한 스텔스 항공기는 F-117이며 현재는 F-22 등이 스텔스 성능을 갖고 있는 것으로 알려져 있다.

• 스텔스 기능의 한계

오늘날 첨단 전투기들은 적극적이든 소극적이든 모두 스텔스 성능을 고려하여 설계되며 일부 전투기들은 스텔스 기능을 최우선 요소로 고려하여 설계된다. 심지어 전투기의 다른 중요한 기능들을 희생해 가며 스텔스 기능만을 강조하기도 하는데, 이런 경우 기체조작과 무장장착 능력은 물론이고 이보다 더 중요한 요소들인 편대 운용의 효율성과 군수 유지와 같은 요소들은 희생되기 마련이다.

스텔스 기능을 최우선 요소로 고려하여 전투기를 설계한다는 것은 전투기의 항공역학과 조종성능을 희생하며 타협점을 찾는 것을 의미한다. 뿐만 아니라 전투기가 탑재할 수 있는 무장탑재량과 종류를 제한하는 것을 의미하기도 한다.

날개 하부에 무장을 탑재하는 기존 전투기의 무장탑재 시스템은 스텔스 설계와는 배치되는 것이다. B-2 같은 기종의 설계는 진정한 스텔스 설계라고 할 수 있지만, 전폭기 영역에서 볼 수 있는 몇몇 기종들은 기체의 앞면에만 국한된 '제한된 스텔스' 성능만을 갖고 있다. 이 전폭기들은 부분적으로나마 스텔스 기능을 갖추기 위해 비행과 관련된 요소들과 편대 운용의 측면에서 발생하는 성능제한을 감수해야 하기 때문에 실제 전장 환경에서는 상당한 취약성을 드러내곤 한다.

□ 고기동성

• 기동성에 대한 일반적 정의

기동성(Agility)이란 한 비행체가 이륙, 비행, 착륙 전 과정에서 보여주는 민첩성 전반을 말한다.

기동성은 중량(자체 중량, 탑재 중량), 추력, 속도, 고도, 비행체의 디자인, 조종 시스템 등 비행체의 다양한 요소들에 의해 좌우된다.

비행체는 기체 자체의 구조적 한계와 항공역학적 한계라는 두 가지 한계 내에서만 비행할 수 있다. 구조적 한계를 벗어나 과도한 응력을 받는 경우 기체는 손상된다. 조종사가 지나치게 작은 각도로 선회를 하는 경우, 특히 하이 'g' 상황인 고속에서 작은 각도로 선회를 하는 경우, 이때 발생하는 엄청난 힘은 기체의 구조에 손상을 입히거나 기체를 변형시킬 수 있다. 최악의 경우 기체가 분해될 수도 있다.

비행체는 항공역학적 한계, 즉 에어로다이내믹 리밋(Aerodynamic Limit) 내에서만 비행이 가능하다. 비행체는 비행체 주위에 인위적으로 조작 형성된 공기의 흐름을 통해 비행이 가능하며 조종은 이 공기의 흐름을 정확하게 유지하는 한계 내에서만 가능하다.

일정한 한계지점을 벗어나면 비행체 주위의 유체흐름이 깨지며 이러한 상황에서 비행기는 '조종 불가능 상태(Out-of-control)'가 된다. 만일 기체가 인위적으로 이전 상태로 복구되지 않으면 '비행 불가능 상태(Out-of-the-fight)'가 초래되고 만다. 첨단 전투기들의 추락은 바로 시계 불량의 악천후, 조종사의 착시 등에서 오는 이 비행 불가능 상태가 주원인이다. 이런 위험을 방지하기 위해 유로파이터 타이푼은 자동조종 시스템과 복구 성능을 갖추고 있다.

• 전투기의 기동성에 대한 정의

전투기는, 기동성을 희생하는 대신 안정성을 추구하는 여객기나 수송기와는 완전히 다른 종류의 비행체이다.

현대 전투기들은 대부분 멀티롤, 즉 다목적 전투기들이며 따라서 공대공·공대지 임무를 동시에 수행해야 한다. 이를 위해 유로파이터 타이푼은 엄청난 무장탑재 능력과 재연소가 가능한 쌍발 터보팬 엔진의 엄청난 추력, 재연소 없이 초음속 순항이 가능한 슈퍼크루즈 성능을 포함한 마하 2급 이상의 초고속 성능 그리고 무엇보다 강력하고 빠른 디지털 컴퓨팅을 통한 자동조종 시스템 등을 갖추고 있다.

멀티롤 전투기를 '무장 시스템'이라 부르는 이유가 여기에 있으며 이들은 웬만한 수준의 정찰기 역할을 한다.

유로파이터 타이푼의 다목적/스윙롤 성능 중에도 정찰기능이 포함되어 있다. 진정한 멀티롤 개념의 현대 전투기라면 위에서 언급한 성능들 이외에 긴급발진, 공대공 전투에서의 고고도 선회와 위치선점을 통한 공중우세 확보, 신속한 임무전환 등을 위해 타의 추종을 불허하는 고기동성을 갖추고 있어야만 한다. 현재 멀티롤 전투기로서 위와 같은 장비와 성능을 갖춘 전투기로는 유로파이터 타이푼, 라팔, F-22 등을 들 수 있다.

4.2. 공 격 기

1. 개 요

공격기는 아 지상군에 대한 화력지원과 적 지·해상군의 전술적 목표물 파괴를 주 임무로 하는 항공기로서 근접 항공지원(CAS : Close Air Support) 및 전장 항공차단(BAI : Battlefield Air Interdiction)을 주 임무로 하고 상황에 따라서는 항공후방차단(AI : Air Interdiction) 임무와 대함공격 임무까지도 수행할 수 있는 대지 및 대함공격 전용기라고 특징지을 수 있다.

근접항공지원 작전은 아측 지·해상군에 근접하여 대치하고 있는 적의 결정적인 표적에 다양한 무기를 대량으로 제공하여 적의 공격을 둔화시킴으로써 아군의 기동 또는 진격의 여건을 부여함은 물론, 취약한 측면과 철수 시 후방을 보호하기 위하여 공격에는 우수한 기동성과 정확한 무장투하 능력, 그리고 지상포화로부터 보호대책이 요구된다.

전장 항공차단은 1980년대 초 중요성이 강조된 개념으로서, 앞으로 교전 시에는 곧 지상전투에 영향을 줄 수 있는 적 군사력, 즉 적의 제1제대와 교전하고 있는 아 지상군에게 곧 공격을 가하려는 적의 제2제대에 대한 공중공격이 주목적이다.

또한 항공후방 차단은 적의 잠재 군사력이 사용되기 이전에 이를 격파, 교란 또는 지연시키기 위해 수행되며, 이를 위해 공격기에는 전천후 공격능력, 장거리 항법 및 저고도 침투능력과 강력한 파괴력이 요구된다.

2차 대전 후, 제트기시대에 들어와 나토를 중심으로 한 유럽의 공군에서는 대지공격기를 중요시하여 1950년대 후반 Fait G91 공격기를 개발, 나토 표준 공격기로 채택하였는데, 이것은 수적으로 절대적인 우위에 있고 성능도 우수한 바르샤바 조약군 전차의 위협에 대응하기 위함이었다.

Fait G91은 2차 대전 직후의 항공기로서, 피탄을 최소화할 수 있는 소형 기체이지만 적 전투기에 뒤지지 않는 성능과 가동력을 보유하여 당시로서는 필요한 공격력을 충분히 구비했다고 할 수 있다.

오늘날 유럽 각국의 대지공격기로 운용되고 있는 서독 공군의 알파젯(Alpha Jet), 영국 공군의 해리어(Harrier), 그리고 이탈리아 공군의 AMX 등은 모두 Fait 91의 설계사상을 그대로 계승하고 있다고 볼 수 있다.

한편 미국은 일정지역에서 완전한 제공권 장악을 전제로 속도는 다소 느리더라도 무장탑재 능력을 증가시키고, 장갑을 강화하여 대공화기에 의한 피탄을 최소화시킨다는 것을 전제로 공격기를 설계하였다. 또한 베트남전의 경험으로 대 게릴라전에 유용하도록 같은 출력의 엔진일지라도 속도보다는 항속능력에 중점을 두어 엔진의 후기연(After Burner)을 제거하고 보다 많은 공격무장을 할 수 있는 공격기를 선호하게 되었다. 이러한 배경으로 미국은 본격적인 근접항공 지원작전 전용기인 A-10 대지공격기를 개발하게 되었다.

구소련도 이러한 개념으로 Su-25 대지공격기를 생산하였다. 공격기라 하더라도 근접항공지원과 항공후방 차단의 두 가지 임무 중 어느 쪽에 비중을 둘 것인가에 따라 설계상 상당한 차이가 있게 된다.

항공후방 차단을 주 임무로 하는 경우, 장거리 항속능력과 침투능력이 우선 고려되어야 하며, 근접항공 지원을 중시하게 될 경우에는 기동성과 다양한 대잠공격용 무장탑재 능력에 중점을 두고 설계되어야 한다. 일반적으로 공격기는 이들 두 가지 임무 모두를 수행할 수 있도록 항속능력과 기동성을 겸비하고, 목표물을 파괴하기 위한 다양하고도 강력한 파괴력과 적 대공화기 및 요격기를 회피할 수 있는 자체방어용 전자장비 및 장갑에 의한 생존성이 고려되어야 한다.

이러한 개념에 맞추어 미국은 A-4, A-6, A-7 등의 다양한 기종을 운용하고 있으며, 근접 항공지원 전용기로는 A-10과 구소련의 Su-25가 개발 운용되고 있다.

특히, 1988년 처음 모습을 드러낸 미 공군의 F-117A 스텔스기도 대지 공격기로 볼 수 있는데, 이 항공기는 기체를 레이더파에 노출되지 않도록 특수하게 설계함으로써 적의 탐지에 대한 걱정 없이 원하는 고도로 은밀히 침투하여 수평비행 자세로 공격이 가능하기 때문에 명중률과 관통력을 배가시킬 수 있다. 최근 걸프전에서 실증된 바와 같이 스텔스기는 전자전기나 공중우세기의 엄호 등 후속 전력의 지원 없이도 단독으로 항공후방 차단 임무를 성공적으로 수행함으로써 공격작전에 대한 새로운 개념을 낳게 되었다.

걸프전에서의 대전차파괴, 조기경보망 파괴 등의 공격임무를 효과적으로 수행한 A-10 공격기의 활약으로 그 효용성이 입증되었다.

2. 주요 기종 소개

(1) A-4 스카이호크

□ **배 경**

한국전 당시 A-1 스카이레이더(Skyraider) 공격기는 뛰어난 무장탑재량과 장시간 체공능력으로 많은 활약을 하였지만 속도가 느린 것이 단점으로 지적되었다. 반면에 제트전투기는 고속이지만 무장탑재량이 적고 공격기로서 항속거리가 짧아, 미 해군은 이를 보완한 A-4 스카이호크 공격기를 개발하였다.

이 항공기는 수차례의 성능개량을 통하여 목표물에 대한 공격의 정확도가 향상되었으며, 다양한 무장이 장착 가능하여 다목적으로 운용할 수 있어 제3세계 국가에서 많은 관심을 보여 왔다.

□ 제원 및 성능

- 제 작 사 : 맥도널 더글러스사
- 기고/기장 : 4.6m/12.3m
- 자 중 : 4,717kg
- 최대이륙중량 : 11,567kg
- 최대속도 : 1,120km/h
- 항속거리 : 3,225km
- 전투행동반경 : 427km

□ 특 성

이 항공기는 몸집에 비해 행동반경이 크고 몸체가 작아 조종하기 용이하고 큰 탑재능력을 가지며 공중급유 시스템을 갖추고 있다. 또한 항모탑재형이면서도 경량 소형으로 만들기 위해 다른 항모탑재 항공기와 달리 접는 기구(Hinge)를 사용하지 않고도 중형 항모 엘리베이터 치수 제한 내에 든다.

작은 몸집에 비해 속도 등의 성능은 우수하여 1955년에 500km 항로에서 1,195km/h를 기록하여 세계신기록을 수립하였으며, 블루 엔젤스(Blue Angels) 팀에 뽑힐 정도로 조종성 및 기동성이 뛰어나다.

[그림 3-33] A-4 스카이호크

무장장착 능력도 다양하여 동체 1개소 등 총 5개소의 무장장착부에 핵 또는 고성능 폭탄을 비롯하여 로켓, AIM-9 사이드와인더 공대공 미사일, AGM-12 불팝(Bullpup) 공대지 미사일, 기관포 포드(Pod), 어뢰, 그리고 ECM 장비 등을 장착할 수 있으며, DEFA 30mm 기관포를 대체 가능한 20mm MK 12 기관포 2문을 고정무장으로 탑재하고 있다.

□ **운용국가 및 실전사례**

A-4 스카이호크는 몸집이 작고 탑재하는 전자기기는 단군하며 무장탑재량은 대단치 않으나 가격이 저렴하고 다목적으로 운용이 가능하며 정비가 용이하므로 미국 748대, 이스라엘 148대, 말레시아 100대, 싱가포르 151대 등 많은 나라에서 운용되고 있다. 1956년 10월부터 미 해군에 최초배치된 이후 A-6와 A-7이 등장하기 전까지 미 해군 주력 공격기로 월남전에 투입되었고 중동전에서는 이스라엘 A-4가 아랍 지상군에 대해 효과적인 공격임무를 수행하였고, 최근의 걸프전에서는 쿠웨이트 공군의 주력기로 '사막의 폭풍작전'에 참전하였다.

(2) A-10 선더볼트(Thunderbolt) II

□ **배 경**

작전운용 면에서 살펴볼 때 공군의 공격기는 우군 지상군과 교전 중이거나 교전 가능 위치에 있는 적 지상군에 대한 교전목적으로 항공전력을 사용하는 근접항공지원(CAS : Close Air Support) 임무보다는 제공권 확보를 위한 전선의 인접 후방지역에 대한 공격을 더 강조하고 있으며, 두 임무 중 어느 임무에 더 비중을 두어야 하는가에 대한 군 또는 국가 간의 논쟁은 아직까지 결론을 얻지 못하고 있다. 그러나 한국전과 월남전을 통해 전폭기에 의한 근접항공지원은 지상전의 승패에 주요한 영향을 미치게 됨이 입증되었다.

월남전에서 F-4, A-7, F-105 등의 항공기를 근접항공지원(CAS) 임무에 투입하였으나 만족할 만한 성과를 거두지 못하여 CAS 임무를 위한 항공기 요건을 충족시키는 우수한 항공기의 필요성이 대두되었다.

미 육군의 CAS 요구를 충족시키기 위하여 미 공군은 1966년 중반 CAS 임무 전용의 공격기 개발계획(AX : Attack Experimental)에 착수하였다. 미 공군은 AX의 요구조건으로 전투효율성, 생존성, 단순성 및 민감성을 갖출 것을 요구하였다. 특히 미 공군은 이 항공기가 비행 및 정비유지에 신뢰성이 있고, 대량무장으로 장시간 체공이 가능하며 고도의 기동성을 갖춤으로써 기존의 CAS 전담기였던 B-57, A-37 및 A-1을 대체시키고자 하였다. 1975년 10월 실전형 A-10A가 최초로 비행한 후 1984년 2월까지 약 700대가 미 공군에 인도됨으로써 A-10의 생산은 종결되었다.

□ 제원 및 성능

- 제 작 사 : 페어차일드(Fairchild)사
- 최대속도 : 706km/h
- 기고/기장 : 4.47m/16.25m
- 항속거리 : 4,002m
- 기　폭 : 17.53m
- 전투행동반경 : 1,000km
- 자　중 : 10,977kg
- 실용상승고도 : 13,715m
- 최대이륙중량 : 21,500kg
- 최대무장적재량 : 7,250kg
- 엔　진 : 제너럴 일렉트릭 TF34-GE-100 터보팬 엔진

□ 특 성

A-10 항공기는 근접항공지원(CAS)이라는 단일목적에 주안점을 두고 제작된 항공기로서 근접항공지원 임무에서 요구되는 항공기의 성능요건을 거의 완벽하게 갖추도록 설계 제작되었다. 고 아음속권(마하 0.6～0.9 사이)에서 성능이 좋은 터보팬 엔진을 사용하여 효율이 높고 소음이 적으며, 어느 전폭기보다 우수한 체공능력과 타 전투기에 비해 2배 이상의 대 기갑화력을 이용한 전투지속 능력이 커 1회 출격에 16대의 전차를 파괴할 수 있다.

이 항공기는 GAU-8/A 30mm 어벤저(Avenger) 기관포가 고정 탑재되어 있으며, AGM-65 공대지 미사일, MK-82 스네이크 아이(Snake Eye) 폭탄을 포함하여 최대 7,250kg의 무장을 총 11개의 무장장착대에 탑재한다.

[그림 3-34] 걸프전을 통해 재평가된 A-10A

A-10은 저공비행을 하며 작전을 수행해야 하므로 피탄 시 생존성을 높이기 위하여 조종실 주위의 밑부분을 티타늄 강판으로 둘러싸 23mm 기관포 직격탄에도 조종사를 보호할 수 있으며, 반쯤 노출된 형태로 주 착륙 바퀴가 접혀 들어가게 한 것도 불시착할 경우 안전성 확보를 위해 속도를 희생한 것이다.

또한 전방 활주로에서 시동을 건 채 재출동 준비를 할 수 있도록 엔진이 동체 후부 양쪽 뒷면에 돌출되어 있으며, GAU-8 기관포를 기축선상에 장착하였으며 사격 시 요잉(Yawing) 현상을 줄이기 위해 전방 착륙바퀴를 기수 우현 쪽으로 가까이 붙인 것은 어느 항공기에서도 볼 수 없는 독특한 설계이다.

한마디로 A-10 공격기는 지상부대지원을 위한 근접항공지원 임무를 주로 담당하며, 적 기갑화력 섬멸에 치중하는 전문 공격기라고 말할 수 있다.

□ 운용국가 및 실전사례

A-10은 현재 수출실적이 없이 미국에서만 운용되고 있으며, 1978년 2월 최초로 영국 공군기지에 주둔 중인 제81전술전투비행단에 6개 비행

대대를 배치하였고, 그 후 알래스카 및 극동지역, 공군 예비대 및 주방위군 항공대에도 배치되었다. 특히 한국에도 작전 배치되어 각종 합동훈련 및 실제 훈련에 그 모습을 드러내고 있다.

이 공격기가 실전에 참가한 것은 걸프전이 최초로서, 총 144대가 투입되어 총출격횟수 8,100회를 기록하였고 3대의 A-10과 1대의 OA-10이 손실되었다.

걸프전에서 A-10이 수행한 주요 임무는 후방차단 작전에서의 대전차 파괴 임무였으며, 서부 이라크 지역에서 주간 스커드 미사일 발사대 추적, 이라크 방공망 압박, 조기경보 레이더 공격 등의 임무도 수행하였다.

(3) F-117 나이트호크(Nighthawk)

□ 배 경

스텔스(Stealth)라고 하는 것은 각종의 탐지수단에 대하여 발견되지 않도록 피탐성을 감소시키는 것이다. 제1차 세계대전 당시부터 해오던 기체의 도색은 육안, 즉 광학적 탐지수단에 대한 스텔스 대책이며 적외선 유도미사일을 피하기 위하여 군용 헬기가 엔진 배기구에 적외선 감소대책을 하고 있는 것도 스텔스 대책이라고 할 수 있다.

현대 스텔스의 주요 기법은 각종탐지장치 중 가장 탐지거리가 큰 레이더의 반사파를 감소시켜 레이더 탐지가 불가능하도록 하는 것이 최대의 관건이 되고 있다.

1953년 3월에 작성된 미 공군의 고고도 은밀정찰기에 대한 요구사양서에는 “적 레이더에 의해 탐지를 최소화하기 위해 기체설계에 대한 배려를 첨가한다”고 하는 항목이 있는데 이것이 레이더 탐지 회피를 겨냥한 최초의 항공기 계획이 아닐까 생각된다. 미 공군의 스텔스 개발의 연구결과로 생산된 항공기로는 U-2, SR-71, F-117, B-1, B-2 등을 들 수 있으나 이중 F-117은 세계에서 스텔스 능력이 가장 뛰어난 항공기로 꼽을 수 있다.

F-117은 1974년과 1975년 중 월남과 시나이 반도에서의 소위 '항공기 대 SAM 간의 무제한적 소모전'이 끝난 지 얼마 후 미 국방성이 록히드사에게 스텔스 기술시험기(XST : E-Xperimental Stealth Tactical) 제작을 위해 해브 블루(Have Blue)라는 별명의 비밀 연구과제를 부여한 것으로부터 출발한다.

1977년 최초로 XST를 비밀리에 시험비행을 실시하여 레이더, 적외선, 육안식별, 음향, 연기, 비행운에 대한 탐지요소를 점검 및 실험하였다. 1978년 실전배치형인 전투기 개발이 승인되어 1981년 6월에 F-117의 최초비행이 실시되었다. 록히드가 개발한 F-117은 시제기가 처녀비행한 후에도 비밀로 하다가 1988년 11월 사진만 공개하였고 1990년 최초로 기체가 공개됨으로써 세계에 알려지게 되었다.

□ 제원 및 성능

- 기고/기장 : 3.78m
- 기　폭 : 13.21m
- 최대이륙중량 : 23,814kg
- 엔 진 : G.E사 F404-GE-F1D2 터보팬
- 최대속도 : 마하 0.95
- 전투행동반경 : 806km
- G 제한치 : 6G

[그림 3-35] 캐노피 전단이 톱니처럼 설계되고 공기흡입구가 전파 흡수재의 스크린으로 덮여 있어 레이더파 반사를 억제한 F-117A

[그림 3-36] 적외선 센서에 의한 탐지성을 낮추기 위해 제트 배기구가 특수한 형태로 확산되어 있는 F-117A

□ 특 성

F-117기는 보는 각도에 따라 그 형체가 달라 보이는 특이한 모습의 항공기이며, 이러한 형태는 미 공군의 기존 항공기와는 달리 일차적으로 레이더 노출단면을 축소시키려는 요구에 의해 생겨난 것이다.

스텔스성을 주요 목표로 하여 제작된 F-117은 레이더 반사파를 없애기 위하여 레이더파 흡수물질(RAM : Radar Absorbing Material)로 기체외부를 도장하고, 모든 표면이 수직으로 30도 이상의 각이 지도록 하여 레이더파를 상하로 분산시켜 탐지를 거부하며, 레이더에 피할 수 없는 부분은 항공기의 반사면을 아주 좁은 방향으로 집중케 하였다.

엔진 공기흡입구는 전천후 운용요구를 충족시키기 위해 방빙 시스템을 설치하였으며, 전면에 종횡으로 짠 그물망 형태의 격자가 설치되어 공기흡입구로 들어온 레이더파가 엔진의 전면에 부딪쳐 큰 반사를 일으키는 것을 방지하였다.

배기구 부분은 그 가장자리가 후방으로 뻗어 있어 동체 상면을 따라 흘러나온 공기가 섞여 후면으로 나올 때는 그 온도가 상당히 내려가 적외선 탐지장치와 적외선 미사일로부터 기체를 보호하도록 설계되어 있다.

또한 작은 세부부분에서 레이더파의 반사도를 낮게 하기 위하여 캐노피(Canopy)의 경계선, 착륙장치, 엔진장착부, 기수의 적외선 탐지기와 같은 외부의 작은 불연속 부분은 가장자리를 톱니 모양으로 처리하였으며, 조종실의 방풍유리(Wind Shild)는 레이더파의 투과를 막기 위해 특수코팅 처리되었다.

F-117은 세계 최고의 스텔스 기술을 이용한 고도의 은밀성을 가지고 있어, 약 2,5000ft의 고고도로 침투하여 목표 근처 2,000~3,000ft까지 강하 후 직선 수평비행을 실시하면서 레이저를 조사하여 폭탄을 투하할 수 있고, 1야드(91.5cm) 이내의 정밀한 폭격이 가능하다.

F-117에 탑재 가능한 무장으로 AGM-65(Maverick), 영상적외선(Imaging Infra-Red) 공대지 유도미사일, 페이브웨이(Paveway), GBU-15, GBU-27, 2,000파운드 재래식 폭탄, B61 자유낙하 핵무기, 함 대 레이더 미사일 등이 있으며 최대 무장탑재 능력은 1,800kg으로 추정된다. 대부분의 무장을 내부 무장고에 탑재하도록 되어 있다.

동체 상부와 하부에 탑재된 전방 적외선감시장비(FLIR : Forward Looking Infra-Red)와 레이저 목표 지시장비로 구성된 적외선 포착 및 지시 시스템(IRADS : Infra-Red Acquisition And Designation)은 기체의 움직임과 상관없이 자동으로 목표를 계속 포착할 수 있어 목표물의 통풍구와 같은 작고 취약한 부분에 명중시키는 정밀폭격을 가능하게 한다. 한마디로 장거리 항법, 고고도 침투, 저고도 공격이 가능하기 때문에 전천후 주요 전략 표적 공격임무를 수행할 수 있다.

□ 운용국가 및 실전사례

현재 F-117은 미 공군의 제37전술전투비행단에서만 운용되고 있는데 총 59대를 발주하여 이 중 3대가 사고로 손실되고 현재는 56대만 운용되고 있다.

이 항공기는 작전배치 후 1988년 12월 파나마 침공작전 시 최초로 실전에 투입되었으며, 1991년 걸프전에는 2개 대대가 참전하여 주요 목표 공격 임무를 담당하였다. 파나마 침공작전에는 스텔스성이 필요치 않았으나 야간 정밀공격 능력을 인정받아 F-117 2대가 파나마군 막사폭격에 동원되었다.

1993년 3월 유고슬라비아 코소보 작전 시 F-117을 투입하여 주요 대공화력 및 전략표적을 공격하였고, 이 기간 동안 최초로 1대가 피격(SA-6로 추정)되었다.

4.3. 폭 격 기

1. 개 요

공중폭격이 전쟁의 수단으로 이용되기 시작한 시기는 1차 대전이었다. 1차 대전 초기 독일은 비행선을 이용하여 영국을 공습하였으며, 프랑스는 항공기에 폭탄을 싣고 가서 이를 손으로 투하하여 독일의 비행선 격납고를 폭격하였다. 대전 말기 독일과 영국에서 폭탄투하장치를 갖춘 대형폭격기를 개발함으로써 본격적인 전략폭격기의 시대를 열게 되었다. 1차 대전 후 전략사상가들은 대량 공중폭격을 공세적 전쟁수행을 위한 가장 중요한 수단으로 인식하게 되었으며, 2차 대전에 이르러서는 폭격기를 본격적인 전쟁승리의 주역으로 삼게 되었다.

대전 말기에 미국은 고고도 비행이 가능한 B-29를 개발하여 일본의 나가사키와 히로시마에 원자폭탄을 투하함으로써 대일본전 승리의 결정적 계기를 마련하였다.

2차 대전 후 미 전략공군사령부에서는 B-29를 대체하기 위한 고고도 핵폭격용 전략폭격기인 B-52를 개발하게 되었으며, 1960년대 초 지대공미사일의 개발에 따라 저고도 항법능력이 중점 보완되었고, 후에 장거리 핵미사일 및 단거리 공격미사일을 적재할 수 있도록 개조되었다. 1955년 최초취역 후 거의 50년이 지난 현재까지 B-52는 미 전략공군사령부의 주요 전력으로 운용되고 있다.

이 시기에 구소련은 장거리 전략폭격기로 Tu-16 및 Tu-95를 개발하였고 1980년대 중반 초음속 비행능력을 갖춘 Tu-22M을 실전배치하였으며, 최근에는 초음속 비행능력을 갖춘 Tu-160 블랙잭(Blackjack)도 실전배치가 되었다.

폭격기는 적의 전선 전·후방에 위치한 전략적 표적을 공격하는 것을 주 임무로 하는 항공기이다. 폭격기에 의한 폭격은 재래식 또는 핵무기로 이루어지며, 공대지 미사일이 개발됨에 따라 오늘날에는 공중발사 순항미사일(ALCM : Air-Launched Cruise Missile)도 사용되고 있다.

폭격기는 군사적 요구에 따라 전략 혹은 전술적 목적으로 운용된다. 전술적 목적으로 운용될 때, 폭격기는 특정 지역 내의 전장에서 적의 병력, 장비 및 시설 등 군사력을 파괴하는 항공후방 차단을 주 임무로 하고 있다. 그러나 2차 대전 후, 전쟁의 개념이 한 국가의 인적·물적 자원이 총동원되는 이른바 총력전(Total War)화됨에 따라 폭격기는 전략항공작전에 투입되어 적의 군사, 산업, 정치 및 경제상의 핵심요소(National Center Of Gravity)를 파괴하고 사기를 저하시켜 전쟁수행 능력을 상실케 하는 전략폭격기(LRB : Long-Range Bomber)로서의 역할에 더욱 중점을 두게 되었다.

현대의 전략폭격기는 대륙간 탄도미사일(ICBM : Inter Continental Ballistic Missile) 및 잠수함 발사 탄도미사일(SLBM : Submarine-Launched Ballistic Missile)과 함께 초강대국 간의 전쟁억제력으로 운용되고 있다.

전략폭격기가 ICBM 또는 LSBM과 비교하여 목표도달 시간이 길고 적의 방공망에 대한 취약성이 높은 약점을 가지고 있음에도 불구하고 유용한 전쟁억제 수단으로 운용되고 있는 것은 폭격기가 운용상 유통성(Operational Flexibility)을 갖고 있기 때문이다. 폭격기의 운용상 융통성이란, 적의 핵미사일 공격에 대한 경보가 있을 때 이륙하여 공중에서 대기할 수 있고, 발진한 후에도 상황이 변화하면 중도에 귀환하거나 지향목표를 변경할 수 있으며, 재래식 무기의 운반은 물론, 전술 핵무기를 필요로 하는 제한전 또는 국지전에도 투입이 가능하다는 것이다.

폭격기는 제2차 대전 시와 같이 적지침투 후 다량의 재래식 폭탄을 투하하는 방식으로부터 고도의 정밀도를 가진 공중발사 미사일을 공격

무기로 채용하는 방식으로 무기운용체계가 변화되고 있다. 최근에 개발된 B-1 및 B-2 폭격기는 장거리 저공침투용으로서 지면으로부터 60m의 초저고도를 비행할 수 있다.

폭격기는 저공침투 후 적의 방공망 밖에서 미사일을 발사한 후 즉시 회피하는(Stand-Off) 공격 방식의 폭격기로서 공중발사 순항미사일(ALCM : Air-Launched Cruise Missile)과 단거리 공격미사일(SARM : Short-Range Attack Missile)로 무장되어 있다.

현대의 폭격기는 초음속 장거리 저공침투 능력을 갖게 되었고, 순항미사일로 무장하고 있으며, 은밀침투를 위한 스텔스성을 지닌 B-2까지 실용화됨에 따라 대량의 재래식 폭탄을 장착하고 중고도 또는 고고도로서 서서히 침투하는 종전의 중폭격기는 실용적인 의의를 점차 상실하여 가고 있다.

2. 주요 기종 소개

(1) B-52 스트레이토포트레스(Strato Fortress)

□ **배 경**

미 전략공군사령부(SAC : Strategic Air Command)를 상징하는 거대 폭격기로서 전략적 전쟁억제 역할을 수행해 온 보잉사의 B-52는 1964년부터 연구가 시작되었으며, 전략 핵폭탄, 재래식 폭탄 및 순항 미사일 등을 탑재하고 대륙 간을 고공으로 침투하여 공격하도록 설계되었다.

1948년 7월에 원형기 2대가 발주되어, 1952년 4월에 제1호기가 시험비행에 성공하였으며, 마침내 1954년부터 미 공군에 작전배치 되었다.

1958~1960년에 생산된 B-52G형에 이르러서는 대대적인 성능개량이 시도되었는데, 그 내용은 날개 및 내부날개 연료탱크의 재설계와 수직안정판(Tail Fin)의 축소, 후방 기총수의 전방 이동, 그리고 공대지 하운드 도그(Hound Dog) 미사일과 단거리 공격미사일(SRAM : Short Range Attack Missile)을 탑재할 수 있도록 설비하는 것 등이었다.

또한 저고도 비행에 무리가 없도록 구조적인 변경을 하고 0.5인치 후방기총을 20mm 개틀링식 기관총으로 교체하였으며, 1962년까지 총 102대의 B-52H형을 생산함으로써 B-52 시리즈의 생산은 모두 종료되었다.

□ 제원 및 성능

- 엔 진 : TF-33-3(P&W사)
- 승 무 원 : 6명(조종사, 부조종사, 항법사, 레이더 항법사, 전자전 장교, 화력통제체계 장교)
- 기 폭 : 56.4m
- 기 장 : 50m
- 기 고 : 12.4m
- 최대이륙중량 : 221,360kg(488,000lbs)
- 최대수평속도(고고도) : 마하 0.9(960km/h)
- 순항속도(고고도) : 마하 0.77(819km/h)
- 최대상승고도 : 16,765m(55,000ft)
- 최대비행거리 : G 12,070km(7,500miles)
  H 16,093km(10,000miles)
- 무 장 : 0.5inch 기관총(G형, 꼬리부분)×4
  20mm 발칸포(H형, 꼬리부분)×1
  SRAM, 핵 투하폭탄(내부)×8
  AGM-86 BALCM(외부)×12
  하푼(G형)×8-12

□ 특 성

B-52의 날개는 고익 단엽기이며 8개의 제트엔진이 2개씩 4개 포드에 장착되어 있다. B-52에는 전자광학 관측장비(EVS : Electro-Optical Viewing System)인 AN/ASQ-151이 저고도 침투성능을 향상시키기 위하여 장착되었고, 적외선 전방탐지장치(FLIR)인 AAQ-6이나 고감도 TV 카메라인 AVQ-22가 장착되었다.

ECM 장비로는 AN/ALQ-155가 장착되고, 레이더 경보수신기(RWR)는 ALR-46이 장착되었으며, 저고도 침투임무 중 항법과 무장투하 능력향상을 위한 공격용 전자장비(OAS : Offensive Avionics System) 등이 장착, 운용되고 있다.

□ 운용 및 실전사례

B-52는 1955년부터 미 공군에서만 운영되었다. B-52A, B, C형을 합해 88대, B-52D형 170대, E형 100대 및 F형 89대를 생산하였는데, 이상의 B-52 항공기는 모두 퇴역한 상태이다. 현재 운용되고 있는 B-52G형은 193대, H형은 102대가 생산됨으로써 총생산대수는 742대에 이른다.

B-52는 베트남전과 걸프전에 참가하였는데, 특히 베트남전에서의 융단폭격은 유명하다. 이 전쟁에서 출격횟수는 총 124,500회로서 3,735,000톤에 달하는 엄청난 양의 폭탄을 투하하였다. 또한 최근의 걸프전에서 B-52는 재래식 폭격기로서의 우수한 성능을 다시 한 번 입증하게 되었다. 걸프전에서 총 1,624회의 임무 출격을 통해 25,700톤에 달하는 72,000발의 무장을 쿠웨이트 내의 지역표적, 이라크 비행장, 산업시설, 병력 집결지 및 각종 저장시설에 투하하였는데, 취역한 지 30년이 지났음에도 불구하고 B-52의 임무 가능률은 평시보다 2% 높은 85% 이상이었다.

B-52H는 2000년 이후에도 유지할 것으로 예상되며, 따라서 2000년대 미국의 전략공군 전력은 97대의 B-1B와 15~60대의 B-2 및 90여 대 정도의 B-52H가 될 것이다.

(2) B-2 스텔스 폭격기(Stealth Bomber)

□ 배 경

1980년 8월 미 행정부는 레이더 적외선 및 시각에 의한 탐지를 최소화할 수 있는 소의 스텔스(Stealth) 개념의 폭격기 개발계획을 발표하였다. 당시 이 계획이 발표된 이유는 구소련 방공망의 지속적인 개량을 감안할 때, 1990년대 이후 B-1의 능력으로는 구소련의 방공망을 돌파하기가 곤란할 것으로 예상되기 때문이었다.

그 후 1989년 7월 17일, 첫 비행이 실시될 때까지 B-2의 개발과정은 거의 베일에 가려 있었다. 다만 일부 정보가 유출되면서 미 의회에서는 찬반양론에 대한 활발한 토론이 진행되었다. B-2 엄청난 가격에 따른 경제성에 강한 의문을 제기하며 생산 대수의 대폭감소 및 전면폐지를 주장하는 반대여론이 상당한 반면, 찬성론자들은 스텔스성의 B-2가 실전배치될 경우 적국으로 하여금 대단한 경제적 부담을 강요하는 효과를 줄 수 있다고 주장하고 있다.

앞으로도 전략적인 측면과 경제적인 부담요인을 고려할 때 찬반논쟁은 계속될 것이다. 그러나 반대론자들조차도 이 비행기가 항공사상 가장 매혹적인 기술성취 중의 하나임을 부인하지 못하는 실정이기 때문에 계속 운용될 것으로 예상된다.

□ 제원 및 성능

- 승 무 원 : 4명(조종사, 부조종사, 무장 및 항법사)
- 기 장 : 21.03m
- 기 폭 : 52.42m
- 기 고 : 5.18m
- 최대순항속도 : 1,047km/h
- 최대이륙중량 : 167,831kg(370,000lbs)
- 자 중 : 72,575kg(160,000lbs)
- 최대항속거리 : 10,645km
- 연료적재량 : 72,595kg
- 최대무장적재중량 : 22,680kg(50,000lbs)
- 무 장 : 8×SLAM Ⅱ 및 8×B83 자유투하식 폭탄(Gravity Weapon)
또는 8×SRAM Ⅱ 및 8×B61 자유투하식 폭탄
500, 750, 1,500lbs 폭탄, 서브뮤니션 디스펜서(Submunition Dispenser), 시 마인(Sea Mine) 등의 재래식 폭탄 적재
500lbs Bomb×80개

[그림 3-37] 스텔스 장거리 폭격기 B-2

□ 특 성

B-2의 가장 큰 특성은 동체 및 꼬리날개가 따로 없는 플라이 윙(Flying Wing)이라는 독특한 구조가 스텔스 기술과 절묘한 접합을 이루었다는 것이다.

먼저 플라이 윙은 항공역학적으로 하중을 날개 전반에 걸쳐 분산시킬 수 있고, 동체 및 꼬리날개의 제거로 기체구조가 가벼우며, 적재능력이 뛰어나다는 등의 많은 장점을 지니고 있어 미 노스럽사에서는 이미 1940년대에 YB 49라는 실험기를 개발한 경험을 가지고 있다.

항공학자들의 오랜 숙원이었던 플라이 윙이 오늘날에 와서야 B-2로 실용화된 이유는 플라이 윙 고유의 종적 불안정성에 기인하는데, 이러한 문제는 최근 컴퓨터 및 자동제어 기술의 발달로 정교한 자동조종장치가 출현함에 따라 해결될 수 있었다. 즉, 플라이 바이 와이어(Fly-By-Wire)라고 일컬어지는 디지털 비행조종장치의 사용으로 조종사들은 조종이 한결 쉬워졌으며, 컴퓨터에 의해 각종 조타면이 자동적으로 움직여 줌으로써 돌풍이나 기타 비행기 동요 등의 수정이 가능하다.

B-2가 보유한 스텔스 특성은 여러 가지 첨단기법에 의해 이루어졌다. 먼저 레이더 전파반사를 최소화하기 위해,

첫째, 기체의 모서리 진 부분을 제거하여 완만한 곡선구조 형태로 만들고,

둘째, 날개 후미를 톱니 모양으로 구성하고,

셋째, 레이더파 흡수를 위한 검은색 페인팅을 하고,

넷째, 기체의 동체 수직면을 제거하고,

다섯째, 엔진을 동체 상부에 내장시키고 레이더 전파반사의 주요 근원인 공기흡입구를 특수형상으로 처리하고,

마지막으로, 무장, 연료 및 전자장비의 기내 탑재 등이다.

이렇게 함으로써 B-2의 레이더 반사면적(RSC : Radar Cross Section)은 B-1B의 10분의 1인 0.1m^{2}에 불과하다.

이외에도 적외선 탐지를 줄이기 위한 배기냉각 시스템과 시각적 탐지를 방지하기 위한 배기연기 억제시스템을 구비하고 있다. 톱니 모양을 한 주익후면은 11개의 조타면으로 구성되어 있다. 양 날개의 제일 바깥쪽에는 상부타와 하부타로 구성되어 각기 저항하는 저항타가 있는데, 기체의 종방향 조종이나 에어브레이크의 역할을 담당한다. 날개 내측에 있는 엘레본(Elevon)들은 플랩, 에일러론(Aileron) 및 엘리베이터(Elevator)의 기능을 동시에 수행하며 서로 조화하여 작동한다.

□ 운용전망

B-2는 구소련의 밀집방어지역에 있는 표적과 유도탄과 같이 재배치가 가능한 표적 및 견고한 지하지휘소 등에 대하여 대륙을 고고도, 중고도 또는 저고도로 침투하여 핵무기 및 재래식 무기 등 모든 수단으로 공격할 수 있도록 개발되고 있다. 또한 이 항공기는 개발 프로그램 초기단계였던 10년 전까지만 해도 그 비밀성 때문에 고가의 가격에도 불구하고 주위를 끌지 못하다가 1989년 첫 비행을 실시함으로써 세계에 알려졌다.

B-2는 대당 가격이 5억 3천만 달러로서 항공기 개발사상 가장 고가의 비행기가 되었으며, 이러한 천문학적 숫자의 예산소요로 B-2에 대한 논란은 보다 증가할 것으로 보인다.

(3) Tu-95 베어

□ 개발배경

제2차 세계대전이 종반에 접어들 무렵, 구소련은 미국의 B-29와 같은 대형 장거리 폭격기에 관심을 갖기 시작했다. 이 당시 일본에 대한 미국의 원자폭탄 투하를 계기로 구소련은 미국의 장거리 대형 폭격기에 의한 핵무기 실용화에 큰 위협을 느끼게 되었다. 또한 대형 폭격기가 전략 핵무기의 유일한 운반수단이었던 당시에 구소련은 서둘러 자국의 핵무기 개발에 성공했으나, 운반수단이 없는 핵무기 보유는 아무런 의미가 없었으므로 대형 폭격기의 소요는 필수불가결한 것이었다.

구소련은 미국에 B-29의 대여를 요청했으나 미국은 이를 거절하였다. 이후 1944년 일본 공격 후 구소련에 불시착한 3대의 B-29를 미국에 반환하지 않고 이것을 모방하여 '투폴레프(Tupolev) Tu-4'를 제작하여 1947년 3월에 첫 비행을 했으며, 그 후 구소련은 다시 이를 독자적으로 발전시켜 대형 장거리 전략폭격기인 Tu-95 베어(Bear)가 출현하게 되었다. 이 폭격기는 1955년 초에 첫 비행을 한 후, 그 해 7월 투시노에서 거행된 항공기념행사에 데뷔했는데, 구소련에서의 폭격기 명칭은 Tu-20이라고 하며, 오늘날에는 Tu-95로 표기하고 있으며 항공대의 대잠 초계형과 VLF 통신형은 Tu-142로 불리고 있다.

□ 제원 및 성능

- 승 무 원 : 8명 이상
- 기 장 : 47.50m(160ft) • 기 폭 : 51.10m(167ft 8inch)
- 기 고 : 12.21m(39ft 9inch)
- 자체중량 : 86,000kg(189.600lbs) • 최대이륙중량 : 169.000kg
- 최대순항속도 : 925km/h(5.5000knots : 575mph)
- 실용상승고도 : 13,5000m(43,000ft)
- 항속거리 : 8,285km(4,475nm/ 5,150miles)
- 무 장 : AS-4 공대지 미사일×2

23mm 기관포(NR-23) – 보통 후부 동체 상·하부 및 동체 끝에 설치

□ 특 성

TU-95는 4발의 터보프롭 엔진을 장착하였으며, 각 엔진은 14단의 압축기와 5단의 터빈을 가지고 있는 쿠즈네초프(Kuzenetsov) NK-12이다. 프로펠러는 4엽 블레이드(Blade)를 갖고 2중 반전식으로서 각각 완전 독립되어 있고, 전기식 제어에 의한 피치조절이 가능하므로 제트기에 준하는 속도를 낼 수 있다.

동체는 조종실, 전부, 후부, 등 3개의 여압격실로 분할되어 있고 중앙에 있는 폭탄창의 앞뒤를 연결하는 이동용 터널이 있다. 수평 꼬리날개는 수직 꼬리날개 근저부에 설치되었으며, 수평·수직 꼬리날개 및 주날개 공히 전·후연이 큰 후퇴각을 이루고 있다. 착륙장치는 노즈기어(Nose Gear)가 있는 삼륜식으로 노즈기어는 2중 타이어이고 메인기어(Main Gear)는 4륜 보기식이다. 자체방어용 전자장비로서 후방경계 레이더와 ECM 장비, 항법용 레이더와 항법보조장비, 채프(Chaff) 및 플레어(Flare) 발사기 등을 장착할 수 있다.

[그림 3-38] 1950년대 후반부터 임무에 투입된 대형 장거리 폭격기 Tu-95

이 항공기는 비교적 항속성능은 우수하지만 프로펠러기이기 때문에 미국의 방공망을 돌파하기에는 역부족이며, 결국 장거리 공대공 미사일을 탑재하는 원격폭격기(Stand-Off Bomber)로 사용하고 있다.

TU-95 베어는 핵폭탄 2발과 각종의 재래식 무장장착이 가능한 A형과 대공 공대지 유도탄(SA-3)을 탑재하는 B형, 그리고 공격 및 정찰임무에도 사용하는 C형이 있다. 1967년에 처음 확인된 TU-95 베어 D형은 최초의 폭격기형으로서 195마일을 탐지하는 '빅벌지' 레이더를 통해 수집된 표적정보를 데이터 링크 시스템으로 공격 항공기나 함정에 통보한다.

□ 운용국가

베어 계열기는 여러 종류의 개조된 유형이 생산되었기 때문에 총생산대수는 파악하기 어려우나, 1961년까지 약 300대가 생산된 것으로 추정되며, 그 후에도 느린 속도로 생산이 지속되어 현재는 약 380대 정도로 추측되고 있다

당초 구소련의 전략공군에서 약 160대의 구형 베어 폭격기를 보유하고 있었으나 1983년 이후에 AS-4 '키친'을 탑재하는 베어 G형으로 대부분이 개조되었으며, 1984년부터는 AS-15 신형 순항미사일을 탑재한 베어 H가 배치되고 있다. 이 형은 1990년 초까지 약 90대가 생산배치 되었다. 해군 항공대(AV-MF)는 대잠 초계형인 Tu-142 베어 F를 약 60대 이상을 운용하고 있으며, 해상정찰형 베어 D가 약 15대 배치되어 있다. 베어기의 외국에 대한 공여는 거의 실시되지 않았는데 1988년 처음으로 인도 해군에 베어 F기 8대를 인도했다. 배치부대는 봄베이 남쪽 서해안에 있는 고아 기지에 배치된 제312 비행대대이다.

처음에는 베어 F를 제공했으나 후에 베어 F 모드 3으로 개조되었다. 구소련군 베어기의 확인된 해외 전개기지는 쿠바의 산안토니오, 앙골라의 베라스, 리비아의 오그베벤니피, 베트남의 캄란 만, 기니의 고나그리 등이며 그 외에도 에티오피아의 모잠비크에도 각각 2개소의 기지가 있다.

(4) Tu-160 블랙잭

□ 배 경

Tu-160 블랙잭(Blackjack)은 저고도에서의 천음속 침투와 60,000ft 고도에서 마하 2 정도의 초음속 또는 아음속 순항이 가능하도록 설계된 유도탄 탑재 가변익 전략폭격기이다.

이 폭격기는 1979년 원형기에 대한 시범비행이 실시되면서 서방측에 그 존재가 알려지기 시작하여 가칭 램피(Ram-p)로 불리었으며, 그 후 블랙잭이라는 나토식 명칭이 붙었다.

Tu-160 개발계획이 채택된 것은 1970년대 말로서 구소련은 미국의 B-1 전략폭격기 개발에 대응해서 고가임에도 불구하고 Tu-16나 Tu-22의 대체기를 개발하지 않을 수 없는 상황이었다. 따라서 구소련의 항공기 설계자들은 B-1 전략폭격기에 버금가는 항공기 개발에 있어 최신의 기술과 함께 독창성을 추구했는데, 그중에서 가장 중요한 것들은 다음과 같은 것이었다.

첫째는 최대 작전행동반경

둘째는 다량의 무장탑재

셋째는 천음속 저공비행 시 또는 초음속 고공비행 시에 있어서의 적대공망 돌파방법

넷째는 레이더, 열선, 음향 및 광학상으로 상대방에게 발견될 확률을 최소화하도록 하는 것

□ 제원 및 성능

- 기 장 : 54.00m(177ft)
- 기 폭 : 완전전진 시 55.70m(183ft)
  완전후퇴 시 33.75m(110ft)
- 기 고 : 12.80m(42ft)
- 최대적재량 : 16,330kg(36,000lbs)
- 최대이륙중량 : 267,625kg(590,000lbs)

- 고고도최대속도 : 마하 2.3
- 전투행동반경 : 7,300km(3,940nm/4,535miles)
- 무 장 : 12×ALCM(AS-15) 또는 24×ASRAM
  각종 재래식 폭탄

□ **특 성**

블랙잭은 사진에서 볼 수 있듯이 주익은 둔해 보이는 곳이 없으며, 미끄러질 듯한 윤곽과 비교적 얇은 가변 후퇴각을 갖고 있다. 전략폭격기에 이러한 구조가 채용된 것은 특이하며, 무겁고 긴 주익을 비행 중에 놀라울 정도로 가볍고 부드럽고 정확하게 조작할 수 있다. 조종실은 앞바퀴 착륙장치보다 전방에 배치하여 노즈 콘(Nose Cone)을 길게 했으며, 그 결과 유선형의 페어링(Fairing) 내에 기상레이더를 탑재할 수 있었다. 또한 주익 하면에는 지주나 외부 발사대가 하나도 없고 동체 내부 2개 구역에 회전식 발사대가 2개 있어서 탑재할 유도탄이나 폭탄은 전부 기내에 있게 되고 외부로 보이는 것은 하나도 없다. 그리하여 이 항공기는 고익저항을 최소로 하면서 가볍게 대기권을 비행할 수 있다.

초음속 고공비행과 지형상의 고도를 따라 비행하는 천음속 저고도 비행이 가능하여 적의 대공방어망을 돌파할 수 있는 능력이 있다.

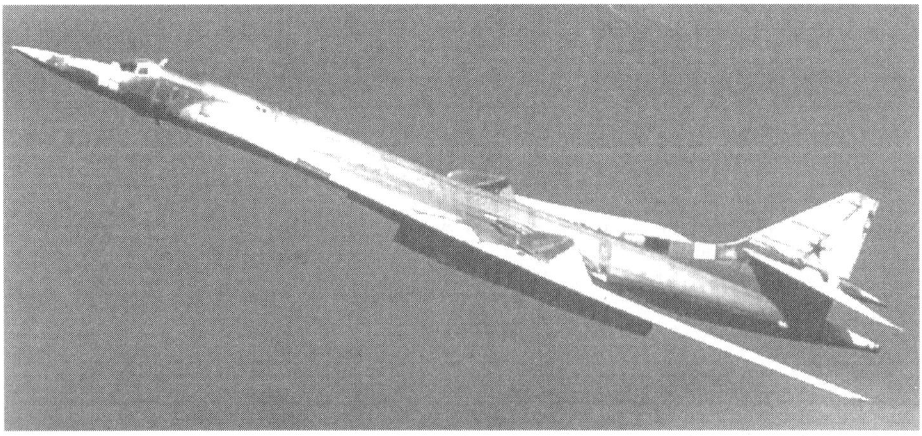

[그림 3-39] 미국의 B-1 개발에 대응하기 위해 1970년대 말에 개발된 Tu-160

미국의 일부 분석관들은 이 신형폭격기가 현재 구소련의 장거리 공군에 배치되어 있는 Tu-16 배거(Bagger)와 Tu-22 블라인더(Blinder) 폭격기의 대체기로서 개발하는 것으로 믿고 있다.

탑재된 전자장비도 첨단수준의 것으로서 1백대 이상의 컴퓨터에 의한 조종, 관제, 항법, 통신 등의 각 기능을 수행하며 승무원은 책임 있는 점검과 결정만 하면 되도록 신뢰성이 높은 항공기로 평가되고 있다.

□ 발전전망

블랙잭은 사정거리가 1,620nm이나 되는 공중발사 순항미사일(ALCM : Air Launched Cruise Missile)인 AS-15 켄트나 단거리 공격미사일(SRAM) 및 재래식 폭탄을 적재하고 초음속 고공침투 또는 저고도 고속침투 임무를 수행하는 구소련의 최신 전략폭격기이다. 구소련은 1988년 중반까지 모두 12대의 블랙잭을 생산하여 구소련 동부 둘론(Dolon) 공군기지에 인도함으로써 첫 번째 블랙잭 대대가 창설되어 작전을 할 수 있게 되었다.

이 항공기는 1990년까지 약 40대가 생산되었으며 구소련의 붕괴에 따라 우크라이나 독립 시에 약 19대가 남아 있었으나 후속 군수지원이 되지 않아 운용이 힘들었다. 1996년 3월 양호한 10대를 러시아에 인수하기 위한 협정을 체결하였으나 이행되지 않았으며, 1998년 3월에도 8대를 구입하려 하였으나 역시 실패한 후 러시아는 Tu-160 전력확장계획을 취소하였다. 현재 엥겔스(Engels) 기지에 6대, 추코프스키(Zhukovsky) 기지에 4대가 남아 있는 것으로 추정되고 있다.

4.4. 정 찰 기

1. 개 요

항공정찰임무는 공중전과 지상공격에 비해 화려한 맛이 없고 평시에는 경시되기 쉽다. 그러나 항공정찰 전력을 평상시에 정비, 훈련, 활동시키지 않으면 유사시에 효율적인 활용이 불가능하게 된다. 또한 전쟁이 시작되면 평상시 적 지역 감시임무 외에 적 지역 침투감시 및 전과확인평가 등의 임무에 보다 많은 정찰전력이 필요해지며 전투로 인한 소모를 고려하면 그 대수는 상당히 많아야 한다.

현대전은 최첨단 정밀무기를 사용하여 적의 전략 및 작전적 중심을 파괴함으로써 적의 전쟁수행 의지를 초기에 분쇄하여 피를 흘리지 않고도 승리를 보장하는 양상을 보이고 있다. 이는 적의 상황을 손바닥 보듯이 할 수 있는 정보수집 수단의 발달로 가능하게 되었다.

초기의 정찰기들은 대부분이 기존의 항공기를 개조하고 광학사진 정보수집장비를 장착하여 운영하였으며, 특정 목적에 따라 수송기, 폭격기, 헬기 등에도 정보수집장비를 탑재하여 운영하였다. 그러나 이러한 정찰기들은 광범위한 지역과 적의 종심 깊은 지역까지의 장거리 정찰능력이 매우 제한되었으므로 U-2 및 SR-71과 같은 고공정찰기가 등장하였으며, 또한 위성을 이용한 광역정보 수집체계의 역할도 증대되고 있다.

2. 정찰기 종류

정찰기는 운용목적 및 정찰거리에 따라 단기간 전선에 근접한 적 지역의 전투에 영향을 주는 전술적 목표를 정찰하는 '전술정찰기'와 적의 정치, 경제, 공업, 군사 상황 등 전략적 목표를 정찰하여 국가의 전략수행 능력을 판단하게 하는 '전략정찰기'로 구분하고 있다. 따라서 전술정찰기는 전시활동이 중요하며 전략정찰기는 평시 활동이 중요하다.

전략정찰기로는 미국 중앙정보국과 공군이 구소련의 방공체계가 미치지 못하는 고고도에서 전략정찰을 할 수 있는 항공기 개발요구에 따라 U-2기를 설계하여 1955년 첫 시험비행을 한 후 1956년부터 생산배치하여 효과적으로 임무를 수행하였다. 그러나 적 요격기 및 지대공 유도탄의 발달로 활동을 제한받게 됨에 따라 25km 고도에서 마하 3 이상의 빠른 속도로 정찰할 수 있는 SR-71기를 1962년 첫 시험비행한 후 1966년부터 배치하여 운영하였다.

그러나 운영 유지비의 과다소요(시간당 $35,000)와 정찰위성 및 무인항공기의 발달로 1990년에 26년간의 정찰임무를 마감하였고, 1995년 일시 재취역하였으나 1998년 4월 다시 퇴역 조치되었다. 그렇지만 정찰위성의 기상 제한과 적시성 결여로 긴급용 전략정찰기는 여전히 필요로 할 것이다. 이외에도 수송기 및 폭격기를 개조한 대표적 전략정찰기로는 미국의 C-135, 러시아의 TU-16, TU-22, IL-28 등이 있다.

전술정찰기는 전략정찰기와 달리 적의 활동상황과 공격성과 등의 적 상황정보를 수집, 확인하기 위하여 주로 전장지역 상공을 비행하게 되므로 적의 전투기와 지대공 유도탄의 공격에 쉽게 노출된다. 따라서 최고의 기동성이 요구되므로 기동성이 뛰어난 전투기, 폭격기 등을 개조하여 정찰장비를 탑재 운용한다. 개조된 주요 항공기 기종으로는 미국의 F-4, F-16, F-18, F-14, 프랑스의 미라주 Ⅲ, 러시아의 미그-21, 미그-25, Tu-95 등이 있다.

임무 면에서 전자정찰은 전략정찰의 한 분야로서 가상 적국을 비롯한 타국의 전자무기 시스템과 통신시스템의 성능 파악을 위하여 전파정보를 수집하기 위한 정찰이다.

이러한 신호정보수집(SIGINT : Signal Intelligence) 임무는 항공기를 이용하지 않고 행하는 경우도 있지만 아무래도 전파가 발생하는 곳까지 통달거리가 미쳐야 하므로 항공기에 의해 이루어질 수밖에 없다. 이와 같은 신호정보수집 항공기는 대량의 전파정보수집 및 해석장치를 탑재할 수 있는 대형기(폭격기와 수송기)를 개조한 형태의 항공기가 유리하다.

주요 신호정보수집 항공기로는 미국의 RC-135, EB-47, EC-121, EP-3, 러시아의 TU-16, TU-95 개조형, IL-20A, AN-12B, 이스라엘의 B-707 여객기 개조형 등이 있다.

최근 미국은 정찰용 무인항공기 개발에 주력하고 있으며, 합동 전장감시와 표적공격을 통제하는 복합무기체계(J-STARS : Joint Surveillance and Target Attack Radar System)를 개발하여 운용하고 있다. 또한 컴퓨터 분야의 발전과 전자광학 및 사진판독 능력의 향상으로 인공위성에 의한 정찰임무가 점차 확대될 전망이다.

3. 주요 정찰기

록히드 항공사는 정찰용 항공기로 알려진 U-2기와 SR-71기를 개발하였다. 미 전략공군 사령부는 2차 대전 이후 미·소의 냉전이 심화되고 있을 때 전략폭격기를 개조한 RB-36이나 RB-47 같은 전략정찰기를 보유했지만 이러한 항공기는 구소련 영토로 들어갈 경우 격추당할 위험도 있으며, 구소련이 핵공격으로 오판할 가능성도 있어 이럴 경우 3차 대전으로 이어질 위험성도 있었다. 따라서 비밀리에 장거리 정찰기를 개발하여 구소련 방공시스템이 미치지 못하는 고고도에서 정찰하기 위한 방안으로 U-2기 개발이 계획되었다.

이 U-2기의 장비에 대해서는 아직도 불분명한 점이 많지만 고도 27,000m라는 고고도 비행능력은 1957년 이후 4년간에 걸쳐 소련 영토 내로의 침투와 사진촬영을 가능하게 했다.

1960년, 프란시스 파워스가 조종하는 U-2기가 소련의 공대공 미사일에 격추된 이후 소련 영토 내로의 노골적인 침투비행은 중지되었다. 그러나 그 후 다른 지역에서의 U-2의 활약은 계속되어 1962년의 쿠바 위기, 대만에 의한 중국 본토 정찰, 베트남 전쟁, 근래에는 니카라과 군사기지의 촬영 등을 하기도 하였다.

이 U-2기는 몇 차례에 나뉘어 대략 60대 가까이 생산되었다. 최신형인 U-2R은 초기의 U-2기보다 기체도 대형화되고 항속거리 및 체공시간도 향상되었다.

이 U-2R을 토대로 주로 전자정찰감시를 행하는 TR-1을 1981년부터 개발하여 1989년 생산종료 시까지 미 공군에 TR-1A 26대와 TR-1B 2대가 인도되었고, 자원탐색용 TR-1(ER-2) 2대가 NASA에 인도되었다.

<표 3-2> 주요 정찰기의 종류 및 성능

국가	기종	최대속도 (Mach)	최대운용 고도(km)	항속시간(h)/ 항속거리	주요 탑재장비
	U-2R	0.8	24.3	12/5,428	전자광학/적외선장비 레이더, 고해상도 카메라 통신/전자장비
	TR-1	0.7	27.4	12/2,600	개량형 전장감시 레이더
	SR-71	3.3	25.9	1.5/2,590	전자광학/적외선 정찰장비 통신/전자장비
	RF-4	2.0	16.8	/1,100	전작광학/적외선 정찰장비 통신/전자장비
	RC-135	0.8	12.2	/2,325	통신/전자장비
러시아	MiG-25	3.2	26.5	1,560	측방감시 레이더

[그림 3-40] U-2기의 형상 및 우주비행사 같은 모습의 조종사

<표 3-3> U-2R기의 세부제원 및 성능

구 분	성 능	구 분	성 능
기 장	19.20m	최대이륙중량	40,000lbs
기 폭	31.39m	최대순항속도	692km/h
기 고	4.88m	최대운용고도	27,430m
자체중량	4,535kg	항 속 거 리	4,830km
추 력	17,000lbs	승 무 원 수	1명 or 2명

1960년 구소련에서 U-2기가 추락한 이후 고성능 지대공 미사일이 배치된 지역에서는 U-2의 안전이 보장되지 않으므로 마하 3을 넘는 속도로 광역을 정찰할 수 있는 초음속 정찰기인 SR-71이 1966년도에 등장하였다. 고도 25,000m 상공을 고속으로 비행하므로 이것을 요격할 수 있는 지대공 미사일은 SA-5 정도가 있을 뿐이다.

SR-71은 총 31대가 생산되어 26년 이상을 운영하였으나, 운영유지비의 과다소요 등으로 1988년 4월에 다시 퇴역하게 되었다. 그러나 필요하다고 판단이 되면 재취역도 가능할 것으로 예상된다.

<표 3-4> SR-71기의 세부제원 및 성능

구 분	성 능	구 분	성 능
기 장	32.74m	최대이륙중량	170,000lbs
기 폭	16.95m	최대순항속도	마하 3.2이상
기 고	5.64m	최대운용고도	25.900m
자체중량	31,360kg	항 속 거 리	4,800km
추 력	2×32,500lbs	승 무 원 수	2명

[그림 3-41] SR-71의 모습

합동감시 및 표적공격 레이더 체계(J-STARS : Joint Surveillance And Target Attack Radar System)는 보잉 707 항공기에 다기능 레이더 및 각종 통신장비를 탑재하여 우군 상공을 비행하면서 수백km 떨어진 적 후방 깊숙한 지역에 위치한 고정 및 이동 표적을 탐지 추적하여 실시간에 전술항공기나 지상의 전투부대에 정보자료를 통보하는 육·공 합동작전을 위해 미 노스럽 그루먼사에서 개발한 체계이다.

1958년부터 개발이 추진되어 1989년에 시제기를 제작하였고, 1991년 1월에는 걸프전 발발과 함께 2대의 J-STARS를 긴급 참가시켜 다국적군 승리에 크게 기여하였으며, 1995년 보스니아 내전에도 참가하였다. 현재 미국 공군은 J-STARS를 추가 확보할 계획으로 향후 발전된 개량형의 J-STARS도 개발할 것으로 예상된다. 또한 나토 국가에서도 이와 유사한 체계를 개발하거나 미국의 J-STARS를 도입하여 활용할 계획으로 있다.

<표 3-5> J-STARS의 세부제원 및 성능

구 분	성 능
임무시간	8h
항속거리	7,950km
탑재레이더 탐지거리	130nm
임무고도	40,000ft

* 기타 항공기 일반 제원은 B-707과 동일

[그림 3-42] J-STARS(B-707)

공중경보 및 통제기인 AWACS(E-3)가 공중전투를 지원하기 위한 체계라면 J-STARS는 지상전투를 지원하기 위한 C^3I체제로서 전선 후방의 적 제2제대가 최전선으로 이동하여 우군과 교전하기 훨씬 이전에 적 상황을 파악하고 목표물을 강타하여 전선투입을 사전에 봉쇄하고 방해할 수 있어서 육·공군의 합동작전에 의한 종심전투를 효과적으로 수행하기 위한 필수전력이라 할 수 있다.

Chapter

4 항공기 정비

제1절•항공기 정비체계 및 정비관리
제2절•항공기 정비관리

제 1 절 항공기 정비체계 및 정비관리

1.1. 항공기 정비의 개념

항공기를 안전성(安全性), 정시성(定時性) 및 쾌적하게 운항하기 위해서는 항공기의 각 구성품과 각 계통이 정상적으로 작동되어야 하며 고장원인을 사전에 제거하여 안전성에 최우선으로 정시성, 쾌적성 운항에 신뢰성을 항시 제공할 수 있도록 항공기의 철저한 정비가 유지, 향상되어야 한다.

항공기의 정비는 항공기술의 발전에 따라 그 방식도 변화, 발전되어 가고 있으며, 그 내용의 범위도 넓어지고, 복합적으로 이루어져 가고 있다. 그러므로 항공기의 정비를 완전하게 하기 위해서는 정비에 대한 올바른 개념이 확립되고, 합리적이고 체계적인 정비관리에 의해 정확한 정비작업이 이루어져야 한다.

항공기가 운항 중에 고장 없이 그 기능을 정확하고 안전하게 비행할 수 있는 능력을 감항성(減航性)이라 하며, 감항성을 유지하기 위한 행위를 정비라 한다.

항공기는 비행 중에 필연적으로 고장이 날 수 있으며, 여러 가지 부품이 복합적으로 구성되어 있으므로 고장의 발생요인도 많다. 따라서 항공기 운항의 중점요소(안전성, 정시성, 쾌적성, 신뢰성)를 항시 제공할 수 있도록 항공기의 철저한 정비가 유지, 향상되어야 한다.

항공기 운항의 신뢰성 수준을 향상시키기 위해 정비기법도 발전을 거듭해 왔으며 항공기의 각 부품, 제 계통 및 부분품에 대하여 각각의 설계, 사용조건, 고장기의 운항의 영향, 정상운항 중에 고장을 미리 발견하여 제거함으로써 항상 지속적으로 완전한 제 기능을 유지해야 한다.

1. 항공기 정비의 목적

항공기에 의한 승객과 화물의 운송은 안전하게 정시성으로 이루어져야 하며 승객에 쾌적한 탑승여건을 조성해 줄 수 있어야 한다. 정비활동은 검사, 수리, 재생, 개조, 시험, 상태, 분석 등을 수행하는 것으로 이루어지는 것만이 아니고 사전에 완벽한 계획을 수립함으로써 비계획 정비를 감소시키고 장비를 안전하게 활용할 수 있도록 해야 하며 항공기재의 품질을 최고도로 유지해야 한다. 따라서 이러한 항공운송의 목적을 달성하기 위해서는 감항성과 쾌적성(快適性) 및 정시성, 안전성을 가지게 하며, 운송이 경제적으로 이루어질 수 있도록 하는 것이다.

2. 항공기 정비의 특성

항공기의 정비는 사용 중에 발생하는 고장이나 불량 상태를 회복시키거나 소비되는 연료 및 기타 유류를 보급하는 것 등을 의미한다. 그리고 운항 중에 중대한 고장을 일으키거나 구조가 파괴됨으로써 치명적인 사고가 초래되는 것을 미연에 방지하기 위해 사전점검을 수행하는 것도 중요한 정비로 간주된다.

중요한 항공기재는 사용기간을 설정, 제한시간에 도달하면 상태와 관계없이 교환하여 안전성과 신뢰성을 유지할 수 있도록 수행하는 정비를 예방정비라 하며, 이 예방정비가 항공기 정비에 일반적으로 적용되어 왔다.

예방정비 즉 정기점검 및 시한성 품목의 교환으로는 예방효과의 한계가 있고 때로는 도리어 고장을 증대시키거나 안전성을 손상시키는 경우도 있으며, 더욱이 정기적인 점검과 검사에 대한 항공기의 고장률과의 상관관계가 아주 적음이 알려지게 되었다. 따라서 최근에는 예방정비와 더불어 신뢰성 정비특성을 적용함으로써 정기적인 점검과 검사범위를 축소하고, 동시에 설계개선에 의한 신뢰성을 향상시킬 수 있음을 알게 되었다. 그리고 운항 중에도 고장자료나 정보를 수집하여 문제점을 검토하고, 통계적으로 분석함으로써 고장방지 대책을 세워 정비를 하거나 설계개선을 통해 감항성을 향상시키고 있다.

1.2. 항공기 정비의 분류

항공기 정비란, 항상 안전하게 비행할 수 있는 상태로 유지하기 위해 항공기에 행해지는 모든 행위를 말하며, 정비사항에 따라 보수, 수리, 개조 등으로 구분할 수 있다.

1. 보 수

항공기 정비 중 보수는 경미한 보수와 일반적인 보수로 나누어지며, 경미한 보수는 항공기 계류 중 행해지는 보수로서 세척, 보급 등 어느 정도 경험과 지식 및 기능을 가진 작업장 유자격 정비사의 감독 하에 할 수 있는 작업을 말한다.

일반적인 보수는 감항성에 영향을 끼치는 항공기 각 부분의 점검, 조절, 검사 및 부품의 교환 등을 말하며, 반드시 유자격 정비사의 확인을 받아야 한다.

2. 수 리

수리란 항공기나 부품 및 장비의 손상이나 기능 불량 등을 원래의 상태로 회복시키는 작업으로, 감항성에 큰 영향을 끼치지 않는 기체나 부품의 수리 및 수정 작업, 그리고 교환작업 등을 하는 소수리(小修理)가 있으며, 감항성에 큰 영향을 끼치는 복잡한 수리작업인 대수리(大修理)가 있다. 대수리 작업으로는 기본구조 부분의 강도에 상당한 영향을 끼칠 염려가 있는 수리작업 및 기관, 프로펠러 작업, 주요 장비 및 부품 등의 성능에 영향을 끼칠 수 있는 작업과 내부부품의 복잡한 분해작업, 특수한 시설과 정비를 필요로 하는 작업, 그리고 예비품 검사 대상 부품의 오버홀과 기체의 일부 또는 전체의 오버홀 등이 있다. 대수리 작업은 관계기관의 확인을 받아야 한다.

3. 개 조

개조는 항공기나 장비 및 부품에 대한 원래의 설계를 변경하거나 새로운 부품을 추가로 장착시킬 때 실시하는 작업을 말한다.

대개조(大改造) 작업이란 항공기의 중량, 강도, 기관의 성능, 비행성능 및 그 밖의 감항성에 중대한 영향을 끼치는 개조작업을 말한다.

소개조 작업이란 기타 개조작업으로서, 기체의 개조는 중량 및 중심한계의 변경, 날개 형태의 변경, 항공기 표피 및 조종능력의 변경, 각 계통의 개조 등을 말한다.

기관이나 장비에 있어서는 그 성능이나 구조의 변경 등이 개조에 해당한다. 개조작업도 수리작업과 마찬가지로 관계기관의 확인을 받아야 한다.

1.3. 항공기 정비의 단계

항공기의 정비단계는 정비를 구분하는 정비체계(Echelon Of Maintenance)로서 정비의 대상이나 정비작업의 특성, 정비에 필요한 기술능력 및 정비시설에 따라 운항정비와 공장정비로 구분된다.

1. 운항정비(Line Maintenance)

운항정비(運航整備)는 비행을 위한 항공기를 직접 지원하는 정비작업으로, 항공기의 비행 전 점검(Preflight Inspection) 및 비행 후 점검(Post

Flight Inspection), 일상적인 계획 및 비계획정비 등이 있다. 기체의 정시점검(Scheduled Inspection)으로서 A점검, B점검, C점검, D점검 등으로 구분하여 정해진 시간간격에 따라 반복적으로 실시하는 정비로서 보충, 세척, 급유 등이 있다.

2. 공장정비(Shop Maintenance)

공장정비(工場整備)는 교정정비로서 특기별로 편성된 각 공장에서 항공기를 정비하며, 많은 정비시설과 오랜 정비시간이 요구되는 경우로서, 항공기의 정비 및 부품을 장탈하여 분해, 검사, 기능시험, 구성부품의 교환 등을 전문공장에서 정비하는 것을 말한다. 공장정비는 기체의 공장정비와 기관의 공장정비 및 장비의 공장정비 등으로 나눌 수 있다.

(1) 기체의 공장정비

기체(機體)의 공장정비는 항공기의 정비 중에서도 정비절차가 복잡할 뿐만 아니라, 복잡한 정비시설이 요구된다. 그러므로 운항정비 단계에서는 할 수 없는 항공기의 정시점검과 기체 오버홀 등을 수행하는 정비이다.

(2) 기관의 공장정비

항공기로부터 장탈한 기관에 대해 기관의 검사, 기관 중정비(Engine Heavy Maintenance), 기관의 상태정비(On Condition Maintenance Of Engine), 기관의 오버홀 등을 하는 정비이다.

(3) 장비의 공장정비

장비의 벤치 체크(Bench Check), 장비의 수리 및 장비의 오버홀 등을 하는 정비이다.

3. 부대/야전/창정비

한국 공군에서는 정비가 효율적으로 이루어지도록 부대조직, 업무의 특성, 정비의 난이도에 따라 항공기 정비는 크게 3단계로 나누어진다. 이들 세 단계는 각각 자신들의 확고한 영역을 구축하고 있을 뿐만 아니라 서로 상호 보완하면서 시너지 효과를 발휘하고 있다.

특히 간단한 부품교체부터 완전한 해체, 재조립까지 일괄적으로 정비 작업이 이루어진다.

(1) 부대정비 : 성공적인 이착륙을 위한 예방정비

항공기 정비의 가장 최전선이라고 말할 수 있는 '부대정비'는 고장탐구와 연료, 산소, 탄약 보급에 중점을 두고 있다. 적용검사는 '비행 전 검사(PR)', '비행 간 검사(TH)', '비행 후 검사(BPO)'로 나누어진다.

균열 및 손상, 연료, 하이드로릭 누설 여부 등의 외부점검이 이루어지고 조종석 계기 및 지시계통 정상작동 여부, 연료, 액체산소 보급 및 출격무장 등을 확인하게 된다. 하지만 이는 '비행 전 검사'에 불과하다. 재출격(연속비행) 시 결함 및 비정상 작동 여부를 점검하는 '비행 중 검사'가 있고, 비행 후에도 또다시 이전의 검사들보다 더 포괄적인 점검이 이루어진다.

점검 방식도 매우 다양하다. CPP(Combind PrePost Flight) 점검의 경우 총 1시간 20분 정도가 소용되며 일단 점검을 하게 되면 72시간이 유효하다. WA(Walking Around)의 경우 말 그대로 항공기 동체 주변을 걸어다니면서 점검한다. 하지만 이때에도 세심하고 꼼꼼하게 육안으로 관찰하며 각종 결함을 철저하게 잡아내야 한다. 따라서 부대정비의 가장 큰 특징은 '예방정비'라고 할 수 있다.

육안과 매뉴얼에 의해 점검을 하고, 보다 큰 문제가 발생했을 때는 계통에 따라 상급정비를 요구하게 된다.

(2) 야전정비 : 조종사의 생명을 살리기 위한 최후의 정비

야전정비는 일명 '교정정비(2단계 정비)'로 불리고 있으며, 일정한 주기에 따라 분해와 수리, 조립, 기능점검, 교환과 시험이 이루어지고 있다. 또한 부대단위의 정비를 초과하는 정비업무를 수행함으로써 보다 안전한 항공기 운용을 위한 중심축이 되고 있다. 야전정비의 종류는 항공기 주기검사는 물론 고장탐구 및 결함원인 분석, 예방정비 대책을 강구하고 있으며 주요 기골 개조 및 보강, 각종 보기류에 대한 기능 점검도 이루어지고 있다.

야전정비는 조종사를 살리기 위한 최후의 정비라고 보면 된다. 사출계통의 이젝션, 캐노피 등을 점검할 뿐만 아니라 유압, 전기, 발전기, 타이어, 엔진 등을 주기적으로 검사하고 있다. 또한 높은 고도에서 에어컨이 원활하게 작동되기 위한 여압 정비도 이루어지게 된다. 하지만 무엇보다도 제일 중요한 것은 바로 엔진 부분, 엔진이 고장 난 항공기는 '고철 덩어리'에 불과하기 때문이다. 엔진 정비는 종류에 따라 50시간, 100시간, 200시간에 한 번씩 정비를 실시하며, 철저한 보고와 사후관리를 받게 된다.

특히 야간정비는 '특기 숍(Shop)'이라고 불리는 각 전문 분야로 나누어져 있어 자신들만의 전문성을 최대한 살릴 수 있게 되어 있다. 항공전자 정비의 경우 항공기의 공격장치, 통신항법, 정밀폭격장치, 비행조정, 전자전, 영상장치에 대한 일선 정비를 수행하게 되고 야간 저고도 항법장치, 엔진 저장 자료계통에 대한 야전급 정비도 수행하게 된다. 무장탄약 정비대대도 이 야전정비에 속한다.

주요 임무로는 항공기의 무장 장착 및 해제, 탄약, 유도탄, 기관포, 항공무기 투하 및 관련 지원장비에 대한 부대급, 야전급 정비를 수행하게 된다. 특히 안전한 폭발물 처리를 위한 폭발물처리반(E.O.D)도 함께 운용하고 있다.

(3) 창정비 : 전면적 수리와 업그레이드를 위한 '정비 발전소'

창정비(廠整備)는 '복구 및 재생(3단계정비)' 단계이다. 항공기를 기골, 엔진, 각 계통 보기류에 대한 창정비를 실시하게 되는데, 적용검사로는 '계획창정비(PDM)', '상태분석검사(ACI)', '완전재생(OVHL)'이 있다. 항공기의 경우 어느 주기가 되면 완전히 분해를 해서 곳곳의 마모와 노후를 확인한 후 전면적인 부품교체 및 재조립이 필요하다. 특히 이러한 주기적인 검사 이외에도 각종 사고에 의한 파손, 침수 등이 이루어졌을 때는 항공기를 속속들이 해체해 완전한 '수술'을 하게 된다.

특히 한번 완전히 해체가 이루어졌을 때는 무려 6개월에 가까운 기일이 소요되는 큰 작업이 이루어지게 된다.

또한 항공기의 원 제작사에서도 지속적으로 업그레이드 매뉴얼이 내려오기도 한다. 기골의 결함과 오류 등 전 세계 판매사로부터 들어오는 종합적인 보고를 토대로 새로운 작업지시서가 내려온다는 것, 때로 항공기에 칠해진 페인트 자체를 전부 벗겨낸 후 완전히 새롭게 도장을 하는 일도 있다. 물론 업그레이드 오더는 불규칙하기는 하지만 일단 한번 지시가 내려오면 모든 면에서 만전을 기해야 한다.

제 2 절 항공기 정비관리

항공기의 성능을 보장하기 위해서는 정비 노동력과 부품에 대한 비용이 많이 들며, 정비 중에는 항공기를 운영할 수 없는 경제적 손실이 따른다. 또한 부품의 수명에 따른 적시교환 등 항공기가 가지고 있는 특성에 적합하고, 합리적이며, 효율적인 정비가 이루어져야 한다. '최소의 정비비용으로 최대의 효과'를 얻기 위하여 모든 정비작업을 계획, 통제, 집행 및 분석하는 정비관리가 필요하다.

2.1. 정비관리의 개념

정비작업을 관리한다는 것은 항공기 및 관련된 장비와 부품의 특성에 따라 정비 방식을 결정하고, 이러한 방식에 따라 항공기와 장비 및 부품에 대한 정비작업이 효율적으로 이루어질 수 있도록 하는 일로서, 정비목적을 달성하기 위해 체계적이고 합리적으로 수행되어야 한다.

1. 정비 방식

정비관리 측면에서 감항성을 향상시키기 위하여 어떤 정비 방식을 도입해야 하는가의 문제는 항공기의 종류나 장비 및 구성품의 관련 특성과 그 부품의 중요성에 따라 달라진다.

- 시한성 정비는 항공기의 예방정비 개념을 기본으로 하여 정비나 부품 상태는 관계하지 않고 정비시간의 한계 및 폐기 한계에 도달한 장비의 부품을 새로운 것으로 교환하는 정비 방식이다.
- 상태정비는 시한성 정비 방식에 의하지 않고 정기적인 육안검사나 측정 및 기능시험 등의 수단에 의해 장비나 부품의 감항성이 유지되고 있는지를 확인하는 정비 방식이다. 정비의 경우, 장비나 부품이 고장을 일으키기 전에 교환 및 오버홀 되는 것과, 감항성에 영향을 주는 고장이나 장비 또는 부품을 분해하지 않고 고장상태를 발견할 수 있는 것이다. 이 정비는 성능허용한계, 마멸한계, 부식한계 등을 가지는 장비나 부품에 활용된다.

2. 정비관리 방식

정비관리 방식은 감항성을 확보하고, 항공기재의 품질을 향상시키기 위한 정비작업을 하는 데 따른 기본방침으로서, 예방정비관리와 신뢰성 정비관리를 들 수 있다.

(1) 예방정비관리

항공기재의 정비에서 장비나 부품의 고장발생을 전제로 하여 그 상태에 관계없이 장비의 부품이 일정한 사용시간 한계에 도달하면 항공기로부터 장탈하여 정기적으로 분해 점검하는 정비관리 방식이다.

- 원래 사용시간과 고장과는 상관관계가 없는 부품이 많고, 장시간 만족스럽게 작동되는 장비나 비품을 고의로 장탈하고 있다.
- 장비나 부품을 장탈하거나 장착할 때 또는 분해 조립하는 과정에서 고장발생의 가능성이 조성된다.
- 만족스럽게 작동되는 부품을 조기에 장탈하기 때문에 부품 본래의 결점파악에 애로가 있어 부품의 품질개선이 이루어지지 않을 수 있다. 따라서, 만족스럽게 작동되고 있는 부품이나 장비는 그대로 사용하는 것이 전체적으로 장탈하는 횟수가 적어 경제적이며, 고장이 적고, 결과적으로 품질의 개선이 이루어질 수 있다.

(2) 신뢰성 정비관리

시한성 정비 방식을 주체로 하는 예방정비관리의 개념과는 달리 항공기재의 품질상태를 상태정비 방식이나 신뢰성 정비 방식 등에 의해 수시로 감시하고, 미리 설정된 품질수준이 지켜지지 않을 때에는 바로 원인 규명과 대책을 수립하고 신뢰성 관리체계를 설정하여 합리적이고 효율적인 정비를 하기 위한 정비관리 방식이다.

신뢰성 정비관리 방식은 오늘날 항공기 정비에 전반적으로 채택되고 있다. 이 방식이 활용될 수 있는 여건이 조성된 이유로는, 항공기 설계 개념의 진보, 항공기재 품질의 수준향상, 비파괴 검사방법 등에 의한 검사법의 발전, 전산 시스템을 이용한 고장자료 처리와 고장탐구법의 향상 등에 영향을 받은 바가 크다.

신뢰성 관리체제란, 항공기재의 신뢰성에 관한 정보를 수집 분석하며, 이에 따른 대책과 조치를 취한 후에 다시 정보수집을 하는 일련의 활동을 기능적으로 수행하는 체제를 의미한다. 이와 같은 신뢰성 관리체제의 정보수집 단계에서는 모든 고장정보가 체계적으로 수집 정리되며, 분석단계에서는 문제의 원인이 발견된다.

3. 정비관리의 이해

정비를 위한 인적·조직적 구성은 정비관리의 특성에 따라 달라질 수 있으며, 정비를 직접적으로 수행하는 정비업무의 조직과 정비관리를 수행하는 정비지원 업무의 조직으로 구분하여 구성될 수 있다. 이러한 조직은 단일 관리체제에 의해 조직 상호 간에 유기적인 연관관계 및 보완관계로 이루어져야 한다.

(1) 정비지원업무 구분

정비지원업무는 일반적으로 정비관리업무, 품질관리업무, 보급관리업무, 기술관리업무 및 정비훈련관리업무 등으로 구분할 수 있으며, 이러한 업무에 따라 조직이 세분화되어 정비지원업무를 지원할 수 있어야 한다.

- 정비관리업무의 조직은 정비계획 및 통제업무를 담당하는 것으로, 정비계획을 세우고, 정비기술인력, 정비지원장비, 정비시설 등을 운용하며, 정비작업 통제 및 항공기 운용업무를 담당하는 조직이다.

- 품질관리업무의 조직은 정비품질을 유지 관리하는 조직이다.
- 보급관리업무의 조직은 항공기 부품의 수급계획 및 저장관리를 수행하는 조직이다.
- 기술관리업무의 조직은 정비기술지시 및 정비규정의 작성, 고장에 대한 대책, 기술자료의 관리 등을 담당하는 조직이다.
- 정비훈련관리업무의 조직은 정비기술인력의 전문교육훈련을 담당하는 조직을 말한다.

(2) 정비업무의 공장조직 구분

정비업무는 항공기 정비를 직접 수행하는 업무이며, 이러한 정비업무를 담당하는 조직은 일종의 공장조직으로 운영되며 다음과 같다.

- 운항정비공장은 운항을 직접적으로 지원하는 부서로서 운항정비를 담당한다.
- 기체정비공장은 항공기 기체의 공장정비를 수행하는 부서이다.
- 기관정비공장은 항공기 기관의 공장정비를 담당한다.
- 장비정비공장은 전자기기와 기타 장비의 공장정비를 담당하는 부서이다

이와 같은 정비공장은 정비지원업무를 수행하는 조직으로부터 직접 혹은 간접적으로 정비에 관련된 제반 업무의 지원을 받을 수가 있다.

4. 정비기술관리

정비기술관리는 제작회사 및 자체의 기술지원체제를 확립하고, 정비방식 및 정비관리 방식에 의한 정비규정 및 정비기술도서를 작성하여 관장하며, 정비품질을 개선하기 위하여 정비기술지시 등을 통제하고 관리하는 것을 의미한다.

- 정비규정은 항공법을 기준으로 하여 항공회사가 정비작업에 관해 안정성 확보 및 효과적인 정비작업을 목적으로 설정된 기술적인 규칙과 기준을 의미한다. 정비규정의 내용은 정비작업의 항목과 실시 시기 및 실시조건 등을 정한 정비사항이 수록되어 있으며, 일반적인 정비사항을 위주로 하여 정비작업에 관한 통상적인 지시로 활용된다.
- 정비기술도서는 항공기와 기관 및 기타장비를 운용하고 정비하는 데 요구되는 모든 기술자료를 수록하고 있는 간행물로서, 주로 항공기의 제작회사에서 발행하는 기술자료이다. 이러한 기술도서는 주로 인쇄물로 제작되어 왔으나, 최근에는 마이크로필름을 이용하기도 한다.
- 정비기술정보는 정비와 관련된 기술자료로서 정비교범(Maintenance Manual), 기체구조수리 교범(Structural Repair Manual), 오버홀 교범(Overhaul Manual), 전기배선도 교범(Wiring Diagram Manual) 및 검사지침서(Inspection Guide) 등이 있으며, 검사지침서를 기준하여 작업카드(Work Card), 작업시트(Work Sheet)가 작성되어 정비에 직접 활용되기도 한다.
- 작동기술정보는 항공기를 운용하는 데 관련된 모든 기술정보를 수록한 기술자료로서 비행교범(Flight Manual)이 있으며, 보충자료를 수록한 작동교범(Operation Manual) 등이 있다.
- 부품기술정보는 항공기에 장착된 부품의 교환을 정확하게 수행하는 데 필요한 기술정보를 수록한 자료이다.
- 보급기술자료는 보급행위를 원활하게 하기 위해 활용되는, 도해부품목록(IPC : Illustrated Parts Catalog), 구매부품목록(Procurale Part List), 가격목록(Price List) 등이 있다.

5. 정비기술지시

정비기술지시(Maintenance Engineering Order)는 정비작업에 있어서 정비규정 이외의 기술적인 지시를 망라하는 것으로, 항공기의 개조, 계획적인 대수리, 일시검사, 부품의 제작, 긴급한 정비 실시사항 등의 특별작업을 지시하는 데 사용되는 기술자료이다. 그리고 제작회사, 관련기관으로부터 전달되는 기술지시에는 감항성개선명령(AD : Airworthiness Directive Order), 정비지원 기술정보(Service Bulletin), 시한성 기술지시(TCTO : Time Compliance Technical Order) 등을 들 수 있다.

이러한 기술지시는 이미 취항하고 있는 항공기에서 발견된 결함 등을 개선하기 위한 대책을 지시하는 것으로, 감항성 개선 기술지시나 시한성 기술지시는 강제적으로 수행되어야 할 구속력이 있으며 민간항공기에 활용된다.

시한성 기술지시(TCTO : Time Compliance Technical Order)는 군용항공기에 주로 적용된다.

2.2. 항공기 정비작업

항공기의 감항성을 확보하기 위하여 수행하는 정비작업은 정비사항에 따라 구분될 수도 있지만, 장비정비작업 등으로 구분될 수도 있다. 이러한 정비작업의 내용은 기술적인 측면에서 구분되기도 하지만, 항공기 정비 능력의 인정을 위한 항공법상의 기준에 의거 분류된다.

1. 정비작업의 분류

정비작업을 정비사항에 따라 분류하는 것은 정비관리상의 정비계획 및 정비작업의 통제를 원활하게 하기 위한 것이라고 할 수 있다.

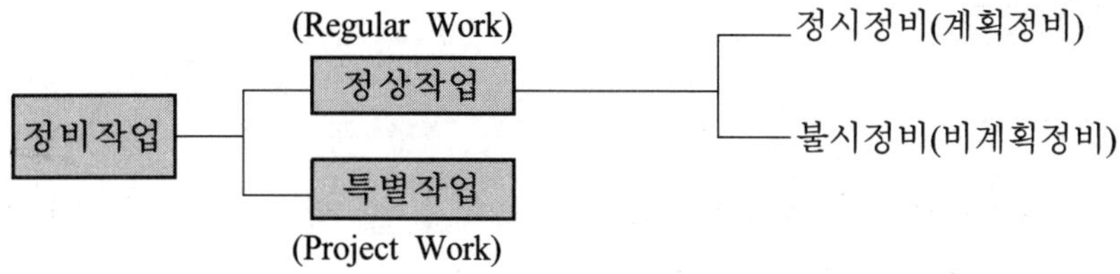

(1) 정상작업

정비사항에 따라 일정한 기간마다 반복하여 수행되는 계획적인 정비작업, 또는 불가항력적으로 발생하는 정비사항을 필요에 따라 비계획적으로 수행하는 정비작업을 말한다.

- 계획정비는 감항성을 유지하고 확인하기 위한 점검, 검사, 보급, 정기적인 부품교환 등을 포함하는 정비작업으로 넓은 의미에서 정시점검과 시한성 부품의 교환 등으로 나누었다.
- 비계획정비는 예측할 수 없는, 불가항력적으로 발생한 항공기 및 계통의 고장에 대한 수리, 점검, 고장탐구 및 항공기재의 상태가 특정한 조건에 해당했을 경우 필요에 따라 수행되는 정비를 말한다.

(2) 특별작업

항공기 기재의 품질을 향상시키거나 항공기 및 관련 장비의 기능변경을 목적으로 하여 설계변경을 시키는 개조작업 및 일시적인 검사 등을 수행한다.

2. 기체의 정비작업

항공기 기체의 정비작업은 비행요건에 따라 안전한 운항을 할 수 있도록 지원하는 정비로서, 지상정비와 기체점검 및 기체의 오버홀 등으로 구분할 수 있다.

(1) 비행요건

현대의 항공기는 주요 계통 및 부품, 구조 등 중요한 부분에는 이중 장치를 설치하여 한 부분의 고장이나 멸실된 경우에도 안전한 비행이 가능하도록 되어 있고, 최소구비장비 목록(MEL : Minimum Equipment List), 부족허용부품 목록(MPL : Missing Part List)을 설정하여 감항성을 해치지 않는 범위 내에서 운항의 정시성을 확보할 수 있도록 하고 있다.

□ 최소구비장비 목록

조종계통과 기관 및 착륙장치계통 등의 감항성에 치명적인 영향을 끼치는 부분을 제외하고 경미한 결함의 수정이나 감항성에 영향이 없는 장비의 교환작업이 정시성에 해를 끼치게 될 경우에는 안전성을 보장할 수 있는 한계에서 다음 기지까지 작업을 이월(Carry Over)시켜 운항하도록 하기 위한 것이다.

장착된 구성부품의 숫자와 비행을 하기 위한 최소구성부품의 수 및 필요한 조치내용이 포함된다.

<표 4-1> 최소구비장비 목록

ATA No	계통 및 구성	1. 표준장비개수(Standard Equipment)		
			2. 최소구비장비 개수	
				3. 비고

<표 4-2> 부품사용 목록

ATA	명 칭	정비장식	점검요원
No			

* ATA : Air Transport Association of America(미국항공운송협회)

□ 부족허용부품 목록

감항성을 저해하는 요소가 없는 범위 내에서, 운항 중에 분실 또는 멸실된 부품에 대하여 정시성 확보를 목적으로 운항을 허용하기 위한 것으로서, 자재와 설비 및 시간이 확보될 때에는 즉시 원상태로 복원해야 한다. 멸실된 부품은 조종석에 게시하고 비행일지에 기록해야 한다.

(2) 지상정비지원

운항에 필요한 일차적인 지원정비를 말하며, 주로 지상에서 항공기를 취급하는 작업과 소모성 액체, 기체류의 보급작업 및 항공기의 세척과 부식처리작업, 감항성을 확인하기 위한 비행 가능 상태 확인작업 등도 포함된다.

□ 지상취급

운항이나 정비 및 보존의 목적으로 항공기를 지상에서 이동시키거나 고정시키는 작업으로서 항공기 견인 작업(Towing), 계류작업(Mooring Or Tiedown), 호이스트 작업(Hoisting), 잭 작업(Jacking) 등도 있으며, 작동 중인 항공기를 지상유도(Marshalling)하는 작업도 지상취급에 포함된다.

□ 보 급

보급에는 항공기에는 여러 가지 소모성 액체나 기체가 사용된다. 기관의 연료와 윤활유, 유압계통의 작동유, 산소계통의 액체산소 및 기체산소, 공기압계통의 압축공기, 소화계통의 소화액, 그 밖에 물을 항공기에 공급해 주어야 한다. 이러한 액체나 기체류를 공급할 때에는 탑재용량을 확인하여 적정 규격과 용량을 보급해 주어야 한다.

□ 세척 및 부식 처리

기체구조의 수명과 일치한다. 왜냐하면, 항공기의 모든 장비나 부품은 수리가 불가능할 때에는 새로운 것으로 교환해 주면 되지만 기체구조는 수리에 한계가 있고, 어느 정도 부식이 진행된 후에는 운항이 불가능하기 때문이며, 수명을 연장하는 가장 쉬우면서도 적극적인 방법이 세척과 부식 처리작업이다.

□ 비행 가능 상태 확인작업

항공기가 비행할 수 있는 상태인지의 여부를 확인하기 위한 비행 전 점검과, 중간 기착지에 착륙하였다가 다시 비행하기 전의 주간점검 등의 상태점검 및 작동점검이 완료된 후에 출발상태를 확인하는 작업이다. 이 작업은 필요한 경우 최종적으로 외부점검을 마치고 감항성을 위한 모든 정비작업의 입력을 확인하기 위하여 항공일지 등을 검토한 다음 정비사가 일지에 확인서명을 함으로써 비행을 개시할 수 있도록 하는 작업이다.

(3) 기체의 점검

기체의 점검은 기체정비의 일환으로 비행 전 점검과 비행 후 점검, 정시점검 및 정기점검, 기체의 오버홀 등으로 구분된다.

□ 비행 전 점검

항공기가 항로 중에 최초비행을 하기 전에 외부점검과 세척, 운항 중에 소모할 액체 및 기체의 보충, 기관 및 필요한 계통의 작동상태 점검, 그밖에 항공기 시동 지원 및 지상동력장비의 지원을 통하여 항공기의 출발을 준비하는 것이다.

비행 후 점검은 하루 중에 최종비행을 마치고 수행하는 점검으로, 항공기의 내외부 세척, 탑재물의 하역, 액체 및 기체의 보급, 운항 중에 발생한 결함교정 등을 실시하여 다음 날의 비행을 준비하는 것을 말한다.

□ 정시점검

점검항목을 계통별, 부품별로 분류하여 일정한 점검주기를 가지고 반복하여 점검될 수 있도록 하는 정비이다. 이때, 고장요인이 많거나 비행안전에 치명적인 영향을 줄 수 있는 점검항목이나 외부에 있는 간단한 점검항목은 점검 주기를 짧게 하고, 고장요인이 적으면서 점검시간을 많이 요하는 내부의 복잡한 점검항목은 점검주기를 길게 한다.

기체의 정비작업에서의 정시점검은 다음과 같다.

- A점검 : 항공기의 소모성 액체나 기체를 보급하고, 비행 중에 손상되기 쉬운 조종면, 타이어, 제동장치, 기관 등을 중심으로 이루어지며, 운항하는 사이의 시간을 이용하여 실시된다.
- B점검 : A점검 항목에 보충해서 기관에 관련된 점검을 위주로 하며, 운항 중에 시간을 이용하여 행해진다.
- C점검 : A점검과 B점검 항목 이외에 모든 계통의 배관과 배선, 기관, 착륙장치 등에 대한 점검항목이 포함되며, 기체구조의 외부점검 및 작동부위의 윤활과 시한성 부품의 교환 등이 행해지는 점검으로 운항을 2~3일 중지하여 행해지는 점검이다.
- D점검 : 기체에 대한 오버홀이라고 볼 수 있는 것으로, 주로 기체구조나 내부검사가 본래의 목적이지만 A, B, C, 점검항목 외에 계통의 작동점검이나 기능점검 및 기체 중심의 측정 등이 수행되며, 항공기의 도장작업도 이 시기에 이루어진다.
- 내부구조 검사 : 감항성에 일차적인 영향을 끼칠 수 있는 기체구조를 중점적으로 검사하여 감항성을 유지하기 위한 기체 내부구조에 대한 표본검사를 말한다.

□ 정기점검

일정한 기간 동안 비행을 하지 않았다면 비행시간을 기준으로 하여 실시되는 정시점검이 수행되지 않게 된다. 그러나 각 부분에는 비행시간 경과와는 관계없이 노화되는 부분이 있다. 따라서 이러한 부분은 비행시간과 관계없이 일정한 기간이 지나면 정기적으로 점검해야 하는데, 이러한 점검을 정기점검이라고 한다.

(4) 기체의 오버홀

항공기 기체 및 각 계통의 수리순환 품목을 분해, 세척, 검사, 수리 및 조립하여 새 것과 같은 상태로 만들며, 항공기의 사용시간을 '영'으로 환원시킬 수 있는 정비작업을 말한다. 그러므로 오버홀은 각 부분별로 전문공장에서 실시되며, 오버홀의 점검항목과 검사 및 수리기준은 오버홀 교범을 기준으로 책정된다.

오버홀은 항공기 전체에 대해 세밀하고 종합적인 정비를 해야 하므로 소요인력과 시간이 많이 투입되어 항공기를 장시간 비행할 수 없게 만든다. 따라서 오버홀 점검항목을 분할하여 일정한 시간마다 단계적으로 수행함으로써 일정한 시간이 지나면 항공기 전체 오버홀이 되도록 하는 방법이 있는데 이것을 분할 오버홀(Progressive Overhaul)이라 한다.

3. 기관의 정비작업

기관은 감항성에 치명적인 영향을 주는 부분이므로 기관에 대한 철저한 예방정비와 신뢰성 있는 정비가 이루어져야 한다. 일반적으로, 기관의 검사, 기관 중정비, 기관상태 정비 및 기관 오버홀 등으로 구분할 수 있다.

(1) 기관의 검사

기관의 감항성을 확인하는 것뿐만 아니라 기관의 사용시간을 연장시키고, 불필요한 분해정비를 하지 않도록 하기 위해서는 매우 중요한 점검 방식의 하나다.

□ 윤활유 분광시험

기관 윤활유의 표본을 정기적으로 채취하여 분석장치에 의해 윤활유에 혼합된 미량의 금속을 정량 분석하여 윤활유가 순환되는 작동부위의 이상상태를 탐지하는 검사방법이다.

□ 기관의 보어 스코프 검사

보어 스코프(Vore Scope)를 이용하여 기관의 압축기 부분이나 터빈 부분의 결함상태를 확인하는 검사방법이다.

□ 고열부분검사(Hot Section Inspection)

항공기가 작동하는 동안에 고온과 고압상태에 있는 연소실이나 터빈 등의 고열부분은 손상을 많이 입기 때문에 기관을 분해하여 고열부분만을 중점적으로 점검하고, 나머지 부분은 그대로 조립하는 검사방법으로, 이 검사방법을 도입함으로써 가스터빈 기관의 오버홀 시간(TBO : Time Between Overhaul)을 비약적으로 늘릴 수가 있다.

(2) 기관 중정비

기관을 기체로부터 정기적으로 계획한 시간간격으로 장탈하여 각 구성품목에 따라 정해진 검사, 수리, 교환 등을 수행하는 정비 방식이다. 그러나 기관의 오버홀과 같이 완전분해 정비는 하지 않는다. 다만, 중요한 구성품은 표본검사를 병행하여 실시한다.

(3) 기관 상태정비

가스터빈 기관의 효율적인 운용과 신뢰성 관리를 위하여 기관정비에서의 점검과 검사 및 수리 등의 결과, 부품교환상황, 운항 중 발생한 고장상황 등 고장에 관련된 정보를 수집하고 분석하여 필요한 시기에 필요한 부품에 대해 요구되는 정비를 수행하는 것이다. 이러한 정비를 하기 위해서는 기관의 상태를 정확히 파악해야 하므로 운항 중에 비행자료수집장치(FDM : Flight Data Monitoring)나 비행기록집적장치(AIDS : Aircraft Integrated Data System)로부터 기관정비를 자료수집하고 분석한다.

□ 비행자료수집장치(FDM : Flight Data Monitoring)

항공기의 순항비행 중에 기관의 압력비, 회전수, 배기가스 온도, 연료유량 및 진동 등을 기록하고, 이것의 수치변동으로부터 기관품의 변형 등을 밝혀내는 데 활용되는 장치이나, 변형을 수반하지 않는 균열 등을 밝혀낼 수는 없다.

□ 비행기록집적장치(AIDS : Aircraft Integrated Data System)

기관을 비롯하여 모든 계통의 각 부분에 감지기를 붙여 비행 중의 압력, 유량, 온도 및 변위 등의 신호를 연속적으로 기록하고, 이상이 있는 자료를 지상의 전산시스템으로 처리함으로써 부품의 기능저하 경향을 사전에 인지하고 고장을 탐구하는 데 활용되는 장치이다.

(4) 기관의 오버홀

시한성 정비 방식에 의해 일정한 사용기간 한계 내에서 기체로부터 장탈하여 완전분해 수리함으로써 기관의 사용시간을 0으로 환원시킬 수 있는 작업이며, 주로 왕복기관에 적용하는 정비 방식이다.

4. 장비의 정비작업

항공기의 장비를 장탈하지 않는 상태에서 기능점검을 하거나 시한성 정비 방식에 의해 부품을 교환하고, 장탈한 부품이 수리순환부품인 경우 부품의 상태 구분에 따라 벤치 체크, 장비의 수리, 장비의 오버홀 등을 하는 작업이다.

그러나 장비의 정비에서도 마멸, 피로, 부식 등에 의해 시간이 경과함에 따라 기능이 저하되고 사용기간이 오래된 장비를 골라내어 분해검사하는 것을 노화표본검사(Age Sampling)라 한다. 이 검사에 의해 신뢰성 정비관리에 의한 상태정비나 신뢰성 정비가 행하여진다.

(1) 부품의 상태 구분

항공기에 사용되는 부품은 주로 수리순환부품으로서, 이러한 부품은 수리순환체제에 따라 수리불능으로 인하여 폐기품으로 구별할 수 있다. 따라서 수리순환부품은 사용 가능 부품과 수리요구부품 및 폐기품으로 구별된다.

□ 사용 가능 부품

고장 없이 정상적인 작동기능을 가지고 있는 부품으로서 노란색의 표찰(Yellow Tag)을 붙이고 검사관의 확인날인이 되어 있다.

□ 수리요구부품

고장난 부품이나 사용수명이 다되어 점검을 요하는 부품으로서, 이러한 부품에는 초록색 표찰(Green Tag)을 붙이고 감사관의 확인날인이 되어 있다.

□ 폐기품(Condemn Parts)

수리 또는 검사결과 수리할 수 없는 부품으로서, 빨간색 표찰(Red Tag)을 붙이고 검사관의 확인을 위한 서명을 하도록 되어 있다.

(2) 기능점검

항공기의 계통 및 구성품의 작동이나 각종 작동유, 윤활유, 연료 등의 흐름상태, 온도, 압력 등이 규정된 지시대로 정상기능을 발휘하고, 허용한계값 내에 있는가를 결정하기 위한 세부검사로서 항공기에 장착된 상태에서 수행하는 정비작업이다.

(3) 벤치 체크

작동점검이나 기능점검으로 구성품의 기능이나 성능을 확실히 알 수 없을 때, 그 구성품을 항공기로부터 장탈하여 시험장비를 이용하여 작동시험 및 측정을 해보고, 필요한 경우에는 분해 및 세척을 한 후에 단순한 수리조치를 취하는 단계까지의 작업을 말한다.

(4) 장비의 수리작업

장비의 수리작업은 육안검사, 비파괴 검사, 그 밖의 벤치 체크 등을 수행하여 고장의 원인을 알아낸 다음에 고장부분을 수리 또는 교환함으로써 정상작동기능을 가지도록 하는 작업이다. 부품의 사용기간이 '0'으로 환원되지는 않는다.

(5) 장비의 오버홀

부품을 정해진 작업절차에 의해 분해, 세척, 검사, 수리 및 부품의 교환, 조립, 시험 등의 정비단계를 거쳐 새것과 같은 상태로 만드는 작업을 장비의 오버홀이라 한다. 이런 작업을 실시한 경우 사용시간은 '0'으로 환원된다.

찾아보기

[한글색인]

[영문색인]

항공기개론

2016년 2월 25일 2판 3쇄 발행

저 자 강한종 · 박인호
발행인 남 승 우

발행처 도서출판 상尙 학學 당堂

서울시 동작구 사당로9가길 6(사당동)
TEL : 02) 595-1692～4
FAX : 02) 595-1394
E-mail : namdoo6@unitel.co.kr
신고 : 2-155호 (1968. 11. 29)

정가 19,000원

ISBN 978-89-6587-065-4 93550

〈디자인〉 편집 이선경 / 표지 토틀컴